全国高等院校计算机教育规划教材

Visual Basic 程序设计

（第二版）

王建国　焦莉娟　主　编
杨天明　裴春琴　邸未冬　副主编

中国铁道出版社有限公司
CHINA RAILWAY PUBLISHING HOUSE CO., LTD.

内 容 简 介

本书在介绍可视化界面设计的基础上,重点讲解了结构化编程语言。主要内容包括绪论、Visual Basic 可视化程序设计、Visual Basic 结构化编程语言、数组、过程、Visual Basic 界面设计、文件管理、多媒体编辑以及数据库等。

本书按照案例引导的思路合理地编排内容,按照"提出问题—分析问题—解决问题"的思路,循序渐进地进行讲解;重点强调了程序设计的规范步骤:分析—设计—实现—调试运行—归纳,便于读者养成良好的编程习惯,建立正确的编程思想,为编程应用打下坚实的基础。

本书适合作为高等院校"Visual Basic 程序设计"课程的教材,也可作为其他学习 Visual Basic 程序设计人员的自学参考书。

图书在版编目(CIP)数据

Visual Basic 程序设计 / 王建国,焦莉娟主编. —2 版. — 北京:中国铁道出版社,2014.8(2019.12重印)
全国高等院校计算机教育规划教材
ISBN 978-7-113-18709-5

Ⅰ. ①V… Ⅱ. ①王… ②焦… Ⅲ. ①BASIC 语言—程序设计—高等学校—教材 Ⅳ. ①TP312

中国版本图书馆 CIP 数据核字(2014)第 166196 号

书　　名:	Visual Basic 程序设计(第二版)
作　　者:	王建国　焦莉娟　主编

策　　划:	周海燕
责任编辑:	周海燕　彭立辉
封面设计:	刘　颖
封面制作:	白　雪
责任校对:	汤淑梅
责任印制:	郭向伟

出版发行:中国铁道出版社有限公司(100054,北京市西城区右安门西街 8 号)
网　　址:http://www.tdpress.com/51eds/

印　　刷:三河市航远印刷有限公司

版　　次:2011 年 6 月第 1 版　2014 年 8 月第 2 版　2019 年 12 月第 7 次印刷
开　　本:787 mm×1092 mm　1/16　印张:16.5　字数:400 千
印　　数:9 201~10 200 册
书　　号:ISBN 978-7-113-18709-5
定　　价:34.00 元

版权所有　侵权必究

凡购买铁道版图书,如有印制质量问题,请与本社教材图书营销部联系调换。电话:(010)63550836
打击盗版举报电话:(010)51873659

全国高等院校计算机教育规划教材

编审委员会

主　任：沈复兴

副主任：胡金柱　　焦金生　　严晓舟

委　员：（按姓氏笔画排序）

　　　　王建国　　叶俊民　　曲建民

　　　　朱小明　　刘美凤　　孙　波

　　　　李雁玲　　别荣芳　　邹显春

　　　　沈　洁　　罗运伦　　秦绪好

　　　　詹国华

第二版前言

  Visual Basic 程序设计是为大学本科计算机专业及非计算机专业开设的一门课程。因其实践性强、应用广泛，所以枯燥的知识讲解很难达到良好的教学效果。本书根据"案例引导教学"的模式编排内容，首先结合知识点提出问题，其次引导读者自主思考分析问题，根据分析得到的基本思路提出一种或多种解决问题的可行方案，然后详细讲解实现该问题的具体方法与步骤，最后总结归纳，引导读者将具体实例模式化，达到学一个而知一类的效果。

  本书以"会用—用好"为学习目标，避免传统的理论与实践脱节、强理论而弱实践的学习模式，在内容编排上做了一些调整。尤其在结构化编程语言部分紧扣编程语言的学习过程安排章节，将一些在应用过程中可自行消化理解的知识点融进实例应用中，而不单独集中设置章节讲解，使学生将精力集中于程序结构、编程思想等主要问题而免去大篇幅枯燥的基础知识的学习，也能在无形之中培养学生勤于思考、自主学习的良好的阅读习惯。

  本书共分 9 章，第 1 章绪论，首先以一个典型实例使读者对什么是 Visual Basic 程序以及如何进行 Visual Basic 编程有一个大概的了解，并介绍了 Visual Basic 集成开发环境以及工程管理等知识；第 2 章 Visual Basic 可视化程序设计，主要讲解了面向对象编程的基本知识以及窗体、文本框、标签控件和命令按钮的使用；第 3 章 Visual Basic 结构化编程语言，主要从顺序结构、分支结构以及循环结构这 3 种程序结构入手讲解 Visual Basic 编程语言；第 4 章数组，主要讲解了一维数组和多维数组以及静态数组和动态数组的使用、数组的基本操作、控件数组以及用户自定义数据类型的应用等；第 5 章过程，主要讲解了子过程、函数过程、参数传递、过程的作用域以及过程的嵌套、递归调用等知识；第 6 章 Visual Basic 界面设计，主要介绍了在可视化界面设计中基本元素（如常用控件、菜单、工具栏）及通用对话框等的应用；第 7 章文件管理，主要讲解了文件的打开、关闭、文件的读/写，文件的基本操作，文件系统控件的使用等；第 8 章多媒体编辑，主要从图形编辑以及音频、视频的应用讲解相关知识；第 9 章数据库，主要从数据库基础知识以及数据库访问技术的角度介绍数据库相关的控件及其用法，并用一个典型示例展示了数据库操作的基本过程和方法。

  本书第一版自 2011 年 6 月出版以来，得到师生同仁的认可，尤其提到书中典型案例的编排，对整个教学过程具有良好的导向作用。本次修订吸取了广大读者的指正与建议，在保持原版特色基础上，对一些疏漏之处做了补充与修正。

  本书由王建国、焦莉娟任主编，杨天明、裴春琴、邱未冬任副主编，其中第 1 章和第 3 章由焦莉娟编写，第 2 章和第 4 章由杨天明编写，第 5 章和第 7 章由裴春琴编写，第 6 章由杨喜文编写，第 8 章和第 9 章由邱未冬编写。胡志军、付禾芳、郑志荣、李容、孟国艳、冯素琴、赵志毅、宗春梅、李小英、邸东泉等参与了本书的编写工作。北京师范大学沈复兴教授、华中师范大学胡金柱教授在本书的编写过程中给予了悉心的指导并提出许多宝贵意见，在此表示衷心的感谢。

由于编者水平有限，书中疏漏与不妥之处在所难免，恳请专家及广大读者批评指正。

作者

2014 年 7 月

第一版前言

Visual Basic 程序设计是一门实践性很强的课程，枯燥的知识讲解很难达到良好的教学效果。本书根据"任务驱动，案例引导"的教学模式编排内容，首先结合知识点提出任务，以案例形式进一步明确任务，将任务实例化。再引导读者自主思考分析任务，在实践过程中完成任务，按照分析得出的基本思想，提出一种或多种解决任务的可行方案，详细讲解完成此类任务的具体方法与步骤。最后总结归纳，同时对任务做出评价。

本书以"会用—用好"为学习目标，避免传统的理论与实践脱节、强理论而弱实践的学习模式，在内容编排上做了一些调整，尤其在结构化编程语言部分紧扣编程语言的学习过程安排章节，将一些在应用过程中可自行消化理解的知识点融进实例应用中，而不单独集中设置章节讲解。既使学生将精力集中于程序结构、编程思想等主要问题而免去大篇幅枯燥的基础知识的学习，也能在无形之中培养学生勤于思考自主学习的良好的阅读习惯。

本书共 9 章，第 1 章绪论，首先以一个典型实例使读者对什么是 Visual Basic 程序以及如何进行 Visual Basic 编程有一个大概的了解，并介绍了 Visual Basic 集成开发环境以及工程管理等知识。第 2 章 Visual Basic 可视化程序设计，主要讲解了面向对象编程的基本知识以及窗体、文本框、标签控件和命令按钮的使用。第 3 章 Visual Basic 结构化编程语言，主要从顺序结构、分支结构以及循环结构这三种程序结构入手讲解 Visual Basic 编程语言。第 4 章数组，主要讲解了一维数组和多维数组以及静态数组和动态数组的使用，数组的基本操作、控件数组以及用户自定义数据类型的应用等。第 5 章过程，主要讲解了子过程、函数过程、参数传递、过程的作用域以及过程的嵌套、递归调用的知识。第 6 章 Visual Basic 界面设计，主要介绍了在可视化界面设计中基本元素如常用控件、菜单、工具栏以及通用对话框等的应用。第 7 章文件管理，主要讲解了文件的打开、关闭，文件的读/写，文件的基本操作，文件系统控件的使用等。第 8 章多媒体编辑，主要从图形编辑以及音频、视频的应用讲解相关知识。第 9 章数据库，主要从数据库基础知识以及数据库访问技术的角度介绍了数据库相关的控件及其用法，并用一个典型示例展示了数据库操作的基本过程和方法。

本书由王建国统稿并定稿，其中第 1 章和第 6 章由武新编写，第 2 章和第 3 章由焦莉娟编写，第 4 章和第 5 章由裴春琴编写，第 7 章由杨喜文编写，第 8 章和第 9 章由邸未冬编写。另外胡志军、付禾芳、郑志荣、李容、孟国艳、冯素琴、赵志毅、宗春梅、李小英、邸东泉等也参与了本书的编写工作。北京师范大学沈复兴教授、华中师范大学胡金柱教授在本书的编写过程中给予了悉心的指导并提出许多宝贵意见，在此表示衷心的感谢。

由于作者水平有限，书中错误和不妥之处在所难免，恳请专家及广大读者批评指正。

作　者
2010 年 12 月

目录

第 1 章 绪论 1
 1.1 Visual Basic 程序设计引例 1
 1.2 概述 2
   1.2.1 Visual Basic 简介 2
   1.2.2 集成开发环境 4
 1.3 工程管理 6
   1.3.1 工程的结构 6
   1.3.2 新建、打开和保存工程 7
   1.3.3 添加、移除工程 8
   1.3.4 添加、移除、保存文件 9
 1.4 创建 Visual Basic 应用程序实例 9
 习题 12

第 2 章 Visual Basic 可视化程序设计 13
 2.1 可视化程序设计引例 13
 2.2 对象的属性、事件和方法 16
   2.2.1 属性 16
   2.2.2 事件 17
   2.2.3 方法 18
 2.3 窗体 18
   2.3.1 窗体的属性、事件和方法 18
   2.3.2 多重窗体 20
 2.4 基本控件 23
   2.4.1 标签 23
   2.4.2 文本框 24
   2.4.3 命令按钮 28
   2.4.4 基本控件应用实例 30
 习题 32

第 3 章 Visual Basic 结构化编程语言 35
 3.1 Visual Basic 程序设计基础 35
   3.1.1 编程的基本步骤及算法描述 35
   3.1.2 Visual Basic 语言基础 37
   3.1.3 基本语句 44
 3.2 程序的控制结构 49
   3.2.1 分支结构 49

         3.2.2 循环结构 59
         3.2.3 循环应用实例 67
    习题 72
第 4 章 数组 75
   4.1 数组应用实例 75
   4.2 数组的概念、声明及引用 78
         4.2.1 数组的概念 78
         4.2.2 静态数组的声明及引用 78
         4.2.3 动态数组的声明及其引用 81
   4.3 数组的基本操作 83
         4.3.1 数组相关函数 83
         4.3.2 数组元素赋初值 84
         4.3.3 数组的输出 85
         4.3.4 数组元素的插入 85
         4.3.5 数组元素的删除 87
         4.3.6 数组排序 88
         4.3.7 数组综合应用实例 90
   4.4 控件数组 95
         4.4.1 控件数组的概念 95
         4.4.2 控件数组的建立 95
         4.4.3 控件数组的使用 95
   4.5 自定义数据类型 97
         4.5.1 自定义数据类型的定义 97
         4.5.2 自定义数据类型变量的声明和引用 98
         4.5.3 自定义数据类型数组的应用实例 98
    习题 100
第 5 章 过程 105
   5.1 子过程 105
         5.1.1 子过程引例 105
         5.1.2 子过程创建 106
         5.1.3 子过程调用 108
         5.1.4 子过程应用实例 108
   5.2 函数过程 110
         5.2.1 Function 过程引例 110
         5.2.2 函数过程创建 110
         5.2.3 函数过程调用 112
         5.2.4 函数过程应用实例 112
   5.3 参数传递 114

	5.3.1 参数类型 114
	5.3.2 参数传递的方式 114
	5.3.3 数组参数传递 116
	5.3.4 数组参数应用实例 118
5.4	过程的作用域 119
5.5	过程的嵌套和递归 121
	5.5.1 过程的嵌套和递归引例 121
	5.5.2 过程嵌套调用 123
	5.5.3 过程递归调用 124
	5.5.4 递归综合应用实例 126
习题	 130

第 6 章 Visual Basic 界面设计 134

- 6.1 基本控件 134
  - 6.1.1 单选按钮、复选框、框架 135
  - 6.1.2 列表框、组合框 138
  - 6.1.3 时钟控件、进度条 144
- 6.2 菜单 147
- 6.3 工具栏 151
- 6.4 通用对话框 153
- 习题 156

第 7 章 文件管理 159

- 7.1 文件概述 159
  - 7.1.1 文件概念 159
  - 7.1.2 文件结构 159
  - 7.1.3 文件分类 160
- 7.2 文件打开与关闭 161
  - 7.2.1 顺序文件的打开与关闭 161
  - 7.2.2 随机文件的打开与关闭 162
  - 7.2.3 二进制文件的打开与关闭 163
- 7.3 文件读/写操作 163
  - 7.3.1 顺序文件的读/写 163
  - 7.3.2 随机文件的读/写 168
  - 7.3.3 二进制文件的读/写 170
- 7.4 文件操作 172
  - 7.4.1 文件操作语句 172
  - 7.4.2 文件操作函数 174
- 7.5 文件系统控件 176
  - 7.5.1 驱动器列表框 176

    7.5.2 目录列表框 176
    7.5.3 文件列表框 177
    7.5.4 文件系统控件的联合使用 179
  7.6 综合应用实例 180
  习题 182

第 8 章 多媒体编辑 185
  8.1 图形编辑 185
    8.1.1 坐标系统 185
    8.1.2 绘图属性 187
    8.1.3 图形控件 188
    8.1.4 图形方法 191
  8.2 音频与视频的应用 195
  习题 200

第 9 章 数据库 202
  9.1 数据库基础知识 202
    9.1.1 关系数据库的基本概念 202
    9.1.2 Visual Basic 数据库管理器简介 203
  9.2 数据库访问技术应用 205
    9.2.1 Data 控件 205
    9.2.2 ADO 技术 212
    9.2.3 SQL 语句 220
  9.3 综合应用实例 224
    9.3.1 需求分析 224
    9.3.2 系统设计 224
    9.3.3 系统实现 227
  习题 246

附录 A ASCII 码和字符对照表 248
附录 B 常用内部函数表 250

第 1 章 绪 论

本章讲解

- Visual Basic 6.0 简介。
- Visual Basic 6.0 的集成开发环境。
- Visual Basic 工程的管理。
- Visual Basic 应用程序创建的基本过程。

本章首先给出一个 Visual Basic 应用程序示例，使读者在系统学习 Visual Basic 之前，对其有一个感性认识。通过本章的学习，读者可以了解 Visual Basic 的发展、特点、功能及 Visual Basic 应用程序的设计和运行调试过程。

1.1 Visual Basic 程序设计引例

阅读案例 1.1，体会什么是 Visual Basic 应用程序，以及 Visual Basic 应用程序的组成元素。

【案例 1.1】设计一个打字游戏的小型应用软件，该软件要求实现以下功能：①由"欢迎"界面进入"参数设置"界面后，可设置打字速度及选择英文字母和数字两种字符；②游戏开始后，屏幕自上而下随机滚动不同的字符，当用户按键正确时，分数加 1，并重新出字符；③游戏过程中可重新回到"参数设置"界面，并可设置速度和选择字符；④游戏结束时给出最后总成绩。运行界面如图 1-1～图 1-3 所示。

图 1-1　游戏软件的登录界面

图 1-2　游戏软件参数设置界面

在这个 Visual Basic 应用程序软件中，包含 3 个窗口界面（窗体）及若干代码过程，每个窗口中还添加了不同的元素（控件）以实现具体功能。例如，参数设置界面的单选按钮用于选择具体参数，游戏主界面的"进入游戏""退出系统"按钮可供用户随时控制游戏的开始与结束。运行中，用户只能看到界面部分，系统将通过代码的执行来完成整个程序的运行，且运行路径不唯一。应用程序代码窗口如图 1-4 所示。

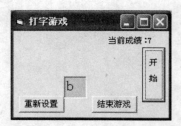

图 1-3　游戏软件的主界面

图 1-4　应用程序代码窗口

经验交流

① Visual Basic 应用程序由运行界面和事件代码两部分构成，运行界面又由一个个窗体及窗体上的若干元素组成。

② Visual Basic 应用程序遵循事件驱动程序的运行机制。对于同一应用程序，运行过程中，程序的走向会随用户的不同操作而改变。

③ 通过人机交互界面，事件过程的运行顺序可由用户控制。

1.2　概　　述

1.2.1　Visual Basic 简介

1. Visual Basic 的发展

Visual Basic 是在 BASIC 语言的基础上，结合可视化程序设计的特点及功能发展起来的一种面向对象编程语言。BASIC（Beginner's All-purpose Symbolic Instruction Code）语言是早期流行的一种解释性高级编程语言。自 1988 年 Microsoft 的 Windows 操作系统问世以来，图形用户界面（Graphic User Interface）便成为微型计算机不可或缺的一种主要工作模式，可视化高级编程语言随之应运而生。1991 年，Visual Basic 1.0 诞生，给 BASIC 语言注入了新的生命力。它在从 1.0 版本到 6.0 及.NET 版本的不断升级过程中，正以使用更方便、功能更强大、应用范围更广泛等特点展示在编程人员面前。

2. Visual Basic 的特点

（1）集成性

Visual Basic 提供了一个集成的开发环境。在这个环境中，用户可设计界面、编写代码、调试程序，最后生成可执行文件，还可生成一个安装程序。

（2）高效性

Visual Basic 的高效性主要体现在结构化编程语言与事件驱动的编程和运行机制相结合。它除了继承基础语言 BASIC 的诸多优点以外，还采用了事件驱动机制，即代码的运行是由用户或系统的动作（即事件）激发的，不同的事件对应不同的代码段，各代码段间相对独立，关联度降低，这样大大提高了程序设计和运行的效率。

（3）易操作性

Visual Basic 采用面向对象的编程思想，把抽象的操作变为具体的、可见的对象及其属性设置。用户只需进行一些简单的操作即可满足设计要求。

另外，在代码窗口输入代码时，Visual Basic 还提供了关键字自动拼写及错误提示功能，为程序员提供了一个友好的代码书写环境。

（4）可扩充性

Visual Basic 支持第三方软件商为其开发的各种可视化控件，通过 OCX 文件将其加入到 Visual Basic 系统中。

Visual Basic 支持动态链接库（Dynamic Link Library），使其可利用其他语言实现功能，再将需要的功能编译成动态链接库供 Visual Basic 调用。

Visual Basic 支持访问应用程序接口（Application Program Interface），Visual Basic 编程人员可直接调用由 Windows 提供的 1 000 多个功能强大的 API 函数，大大提高了 Visual Basic 的编程能力。

3. Visual Basic 的主要功能

（1）向导功能

Visual Basic 提供了多种向导，如应用程序向导、安装向导、数据对象向导和数据窗体向导等，通过它们，可以快速地创建不同类型、不同功能的应用程序。

（2）数据库访问功能

Visual Basic 可利用数据控件访问多种数据库。Visual Basic 6.0 提供的 ADO 控件，不但可以用最少的步骤实现数据库操作和控制，也可以取代 Data 控件和 RDO 控件。

（3）对象链接与嵌入功能

Visual Basic 的核心是对对象的链接与嵌入（OLE）技术的支持，它是访问所有对象的一种方法。利用 OLE 技术能够开发集声音、图像、动画、字处理、Web 等对象于一体的程序。

（4）网络功能

Visual Basic 6.0 提供了 DHTML 设计工具。利用这种技术，可以动态创建和编辑 Web 页面，使用户在 Visual Basic 中开发多功能的网络应用软件。

（5）联机帮助功能

在 Visual Basic 中，利用帮助菜单和【F1】功能键，用户可随时、方便地得到所需要的帮助信息。Visual Basic 帮助窗口中显示了有关的示例代码，为用户的学习和使用提供了方便。

4. Visual Basic 的版本

Visual Basic 6.0 包括学习版、专业版和企业版 3 种版本。

（1）学习版

学习版是 Visual Basic 的基础版本，可用来开发 Windows 应用程序。该版本包括所有的内部控件（标准控件）、网格（Grid）控件、选项卡以及数据绑定控件。

（2）专业版

专业版为专业编程人员提供了一整套功能完备的用于软件开发的工具。它除了学习版的全部功能以外，还包括 ActiveX 控件、Internet 控件和报表控件。

（3）企业版

企业版是可供专业编程人员开发功能强大的组内分布式应用程序。该版本包括了专业版的全部功能，同时具有自动化管理器、部件管理器、数据库管理工具、Microsoft Visual SourceSafe 面向工程版的控制系统等。

在这 3 种版本中，企业版功能最全，其次是专业版。用户可根据自己的需要选择不同的版本。

1.2.2 集成开发环境

集成开发环境（Integrated Development Environment）是指集应用程序的设计、运行和调试于一体的软件开发环境，Visual Basic 就为用户提供了这样一个集成开发环境。

安装了 Visual Basic 6.0 中文版应用程序后，可通过"开始"→"所有程序"→"Microsoft Visual Basic 6.0 中文版"命令打开 Visual Basic"新建工程"对话框，如图 1-5 所示。

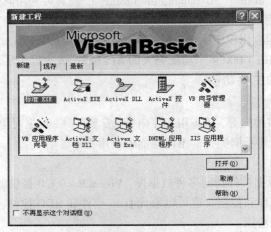

图 1-5 "新建工程"对话框

"新建工程"对话框中包含 3 个选项卡。选择"新建"选项卡，可新建一个工程；选择"现存"选项卡，可打开已有工程；选择"最新"选项卡，可打开最近使用过的工程。

在"新建"选项卡中，选择"标准 EXE"，单击"打开"按钮，即可进入 Visual Basic 6.0 集成开发环境设计界面，如图 1-6 所示。Visual Basic 6.0 设计模式下的界面主要由标题栏、菜单栏、工具栏、工具箱及若干窗口构成。

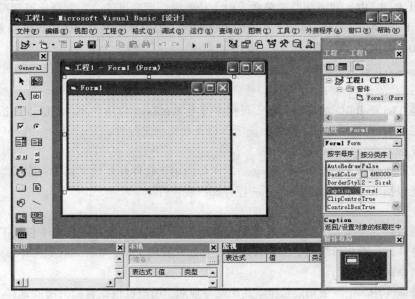

图 1-6 Visual Basic 6.0 集成开发环境

1. 菜单栏及工具栏

Visual Basic 6.0 的菜单栏包含 13 个主菜单，各菜单的主要功能如下：
- 文件：用于工程、窗体等文件的管理、打印以及最终生成可执行文件。
- 编辑：用于代码文本或窗体对象的基本编辑。
- 视图：用于在设计状态下各视图窗口的打开，如代码窗口、属性窗口、工程资源管理器窗口等。单击各视图窗口右上角的"关闭"按钮即可关闭已打开的窗口。
- 工程：用于当前工程中各组件的管理及工程属性的设置。
- 格式：用于窗体上对象的格式化设置。
- 调试：用于设置代码的不同调试方式，包含断点设置和监视等功能。
- 运行：用于程序的运行及结束。
- 查询：用于数据库应用中的查询操作。
- 图表：用于图表的操作。
- 工具：为集成开发环境提供必要的工具，如菜单编辑器等。
- 外接程序：用于内置工具的设置以协调 Visual Basic 工作。
- 窗口：用于设置各类窗口在设计界面下的排列方式。
- 帮助：用于启动联机帮助系统。

工具栏为一些常用菜单项提供了快捷按钮。

2. 工具箱

工具箱中默认情况下有 21 个图标按钮，其中包含 20 个标准控件按钮和一个指针按钮。设计应用程序界面时，用户只需先选中某一控件按钮，然后在设计窗体的适当位置拖动，即可添加相应控件对象。

3. 窗口

用户可通过"视图"菜单中的不同命令在 Visual Basic 集成开发环境中打开相关窗口，以实现不同功能，包括窗体设计窗口、代码窗口、属性窗口、工程资源管理器窗口、立即窗口、监视窗口、数据视图窗口等。下面详细介绍窗体设计窗口、代码窗口和属性窗口，其他窗口做简要介绍。

（1）窗体设计窗口

窗体（Form）是设计模式下用户自定义的窗口。当启动 Visual Basic 集成开发环境时，系统会为用户自动加载一个默认名称为 Form1 的窗体。用户也可为当前工程自行添加一个或多个窗体，每个窗体上可以通过加载文本框、按钮等控件，甚至可包括菜单栏、工具栏、图形、图像等元素来设计运行界面。当程序进入运行模式时，窗体及窗体上的元素就是用户看到的运行界面。在设计模式下，可通过下列方法打开窗体设计窗口：

① 选择"视图"→"对象窗口"命令。
② 双击"工程资源管理器"窗口中树形结构下相应的窗体名称。
③ 右击"工程资源管理器"窗口，在弹出的快捷菜单中选择"查看对象"命令。

（2）代码窗口

代码窗口是用户书写程序代码的界面。由于 Visual Basic 是面向对象编程、事件驱动的运行机制，其代码就是事件过程，所以代码窗体的标题栏下方包含一个"对象"下拉列表框和一个"事件"下拉列表框，用户在书写代码前，务必先选择要编程的对象及在该对象上发生的事件。Visual Basic 代码窗口如图 1-7 所示。常用的打开代码窗口的方法有以下几种：

① 选择"视图"→"代码窗口"命令。
② 双击窗体中的某一控件。
③ 选择"工程资源管理器"窗口中的"查看代码"选项。

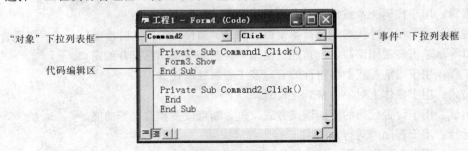

图 1-7 代码窗口

（3）属性窗口

属性窗口最上方是属性窗口标题栏，指示出当前对象的名称，标题栏下方的下拉列表框用于在当前窗体的不同对象间切换，"对象"下拉列表框下方的两个选项卡分别以不同排列方式列出当前对象所有属性的名称（左端一列）及属性值（右端一列），用户可在此处改变对象的属性值。属性窗口最下方是信息栏，显示当前选中对象的基本信息。在设计模式下，可通过以下方法打开属性窗口：

① 选择"视图"→"属性窗口"命令。
② 单击工具栏中的"属性窗口"按钮。

（4）其他窗口

- 工程资源管理器窗口：采用资源管理器树形结构列出当前工程中所有文件及其层次关系，用户在此窗口中可对各类文件进行创建、查看、添加和移除等操作。
- 窗体布局窗口：主要用在多窗体应用程序中，通过窗体布局窗口可方便地调整各窗体之间的位置关系，以达到最佳的视图效果。
- 立即窗口：在立即窗口中输入一行代码按【Enter】键即可执行该语句。此窗口主要用于测试局部代码，查看运行某一代码段后的效果等。
- 本地窗口：本地窗口可自动显示当前过程中的变量声明和变量值。
- 监视窗口：监视窗口用于监视运行过程中变量及表达式值的变化。可通过拖动的方法把一个变量加载到监视窗口中。

1.3 工程管理

1.3.1 工程的结构

Visual Basic 应用程序的所有文件都是通过工程来管理的，工程就是应用程序所有文件的集合。工程资源管理器用来管理工程的界面，它以树形结构的形式列出了当前工程以及工程中所有的文件。使用工程资源管理器管理工程时要注意区分文件名与对象名的概念。Visual Basic 工程资源管理器窗口如图 1-8 所示。工程文件名与窗体文件名是用户在保存工程和窗体时指定的文件名称，工程名是 Visual Basic 对用户所创建的应用程序的标识，窗体名是用户在设计模式下"属性"窗口中设置的 Name 属性值。

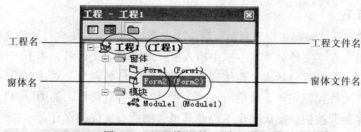

图 1-8 工程资源管理器

Visual Basic 工程可包括以下文件成分：
- 工程文件（.vbp）：提供了与该工程有关的全部文件和对象清单，以及保存开发环境的设置选项方面的信息。
- 窗体文件（.frm）：包括窗体及其控件的正文描述和属性设置，也可包含窗体级常量、变量和外部过程的声明。
- 窗体的二进制数据文件（.frx）：此类文件是自动生成、不可编辑的，主要描述窗体上控件的属性数据。
- 类模块文件（.cls）：可建立用户自己的对象。类模块包含用户对象的属性和方法，不含事件代码。
- 标准模块文件（.bas）：描述所有模块级变量和用户自定义的通用过程。
- 资源文件（.res）：包含无须重新编辑代码便可改变的位图、字符串以及其他数据。
- 控件文件（.ocx）：包含 ActiveX 控件的文件。

1.3.2 新建、打开和保存工程

1. 新建工程

启动 Visual Basic 应用程序或在 Visual Basic 设计模式下选择"文件"→"新建工程"命令，系统会打开一个"新建工程"对话框。选择其中一种工程类型后，单击"确定"按钮即可新建一个工程。该工程包含一个窗体，工程及窗体默认名称分别为"工程 1"和 Form1。保存工程时，用户可为工程文件及包含窗体的其他类型文件指定一个文件名。注意，在设计模式打开已有工程时，再选择"新建工程"命令，会自动移除原有工程。

2. 打开工程

选择"文件"→"打开工程"命令，在打开的"打开工程"对话框（见图 1-9）中选择"现存"选项卡，可打开已经创建好的现有工程，"最新"选项卡中则列出最近使用过的一些工程。

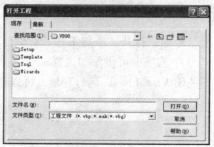

图 1-9 "打开工程"对话框

3. 保存工程

选择"文件"→"保存工程"命令，第一次保存工程时，系统会打开"文件另存为"对话框，如图 1-10 所示。在"文件名"文本框中输入窗体或模块的文件名，单击"保存"按钮，完成对一个文件的保存。若工程包括多个窗体或模块，则"文件另存为"对话框仍存在，继续保存其余文件，直至所有文件保存完毕，最后出现"工程另存为"对话框，如图 1-11 所示。输入工程文件名后单击"保存"按钮，完成整个工程及其包含的所有文件的保存。

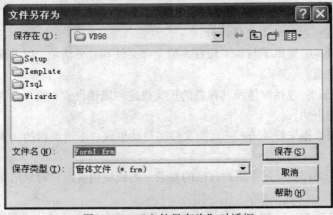

图 1-10 "文件另存为"对话框

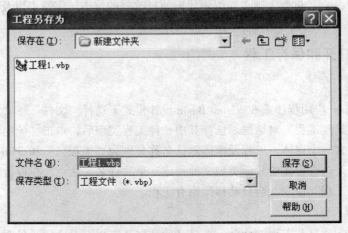

图 1-11 "工程另存为"对话框

1.3.3 添加、移除工程

选择"文件"→"添加工程"命令，打开"添加工程"对话框，如图 1-12 所示。此对话框包含"新建""现存"和"最新"3 个选项卡可供添加选择。

如果只想退出当前工程而不关闭 Visual Basic 运行环境，可以选择"文件"→"移除工程"命令将该工程移除。

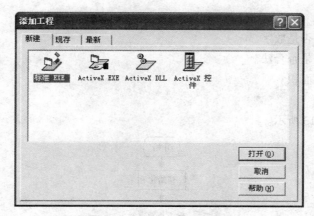

图 1-12 "添加工程"对话框

1.3.4 添加、移除、保存文件

1．添加文件

用户可向当前工程中添加现有文件，方法如下：

选择"文件"→"添加文件"命令，打开"添加文件"对话框。选择一个现有文件后单击"打开"按钮即可。注意，添加文件只是将该文件的引用纳入工程，并未创建文件副本，可通过保存文件的方法将该文件另存为该工程的一个文件，以便修改。

2．移除文件

对于工程不再需要的已有文件，可将其移出工程，但文件本身还在硬盘中。在工程资源管理器窗口中，右击选中要移除的文件，在弹出的快捷菜单中选择相应的命令，或选择"工程"→"移除"命令即可。

3．保存文件

若只保存某一文件而不保存工程，用户首先在工程资源管理器窗口中选中需保存的文件，然后选择"文件"→"保存"或"另存为"命令即可。

1.4 创建 Visual Basic 应用程序实例

上机模仿实现案例 1.2，熟悉 Visual Basic 界面及工程的基本管理操作。

【案例 1.2】根据用户输入的半径值，求圆面积并显示相应大小的圆形。

案例分析

① 圆半径由用户在运行界面中输入，程序应能限制圆半径的正确范围。

② 根据不同的输入值计算出圆面积，同时将相应大小的圆形显示在窗体上。

案例设计

（1）界面设计

用一个文本框接收输入的半径，另一个文本框（或标签）显示计算的结果。可通过调用图形框的 Circle 方法显示圆形，通过按钮的单击事件激发程序运行。

（2）算法设计

① 判断输入的是否是数字。
② 判断数字范围是否合法。
③ 计算并显示圆面积。
④ 画圆。

算法描述如图 1-13 所示。

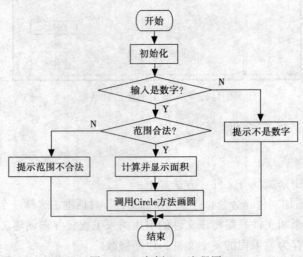

图 1-13　案例 1.2 流程图

关于程序流程图等描述算法的工具，参见本书第 2 章。

案例实现

案例实现包括界面实现和代码实现两部分，具体操作步骤如下：

（1）启动环境

启动 Visual Basic，进入集成开发环境。在打开的"新建工程"对话框中，选择"新建"选项卡，单击"打开"按钮，即新建一个工程，同时系统自动创建了一个名为 Form1 的空白窗体。

（2）添加控件和属性设置

在 Form1 的适当位置分别添加一个图形框控件 Picture1、两个标签控件 Label1 和 Label2、两个文本框控件 Text1 和 Text2、一个命令按钮 Command1。

单击窗体空白处选中窗体，或用同样方法选中某一控件，然后在属性窗口中通过键盘输入或鼠标操作可设置相应的属性值。本案例中需要设置的控件及其属性值如表 1-1 所示。

表 1-1　案例 1.2 对象属性表

控 件 名 称	属 性 名 称	属 性 值
Text1	Text	
Text2	Text	
Label1	Caption	圆半径：
	FontSize	三号
Label2	Caption	圆面积：
	FontSize	三号

续表

控　件　名　称	属　性　名　称	属　性　值
Command1	Caption	计算
	FontSize	三号

设置好对象及其属性后的窗体界面如图1-14所示。

（3）事件编程

双击窗体中某一控件，打开代码窗口。选择正确的事件过程，按照程序设计的思想写入代码。注意，代码格式要严格规范，如图1-15所示。

图1-14　案例1.2窗体的设计界面

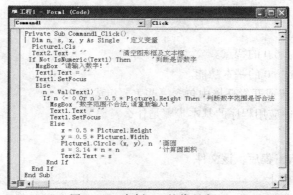

图1-15　案例1.2的代码窗口

（4）保存

选择"文件"→"保存工程"命令或者单击工具栏中"保存"按钮，将工程文件、窗体文件保存在指定路径。

为了便于管理，一般一个应用程序的所有文件（如工程文件、窗体文件等）应保存在同一文件夹中，如本例所有文件保存在"D:\VB范例\1-2"下。

（5）调试并运行

选择"运行"→"启动"或"调试"→"逐语句"命令，或单击工具栏中的"启动"按钮，程序进入运行模式。在第一个文本框中输入半径值，单击"计算"按钮，运行结果如图1-16所示。

图1-16　案例1.2的运行界面

调试程序时应考虑到程序的健壮性，即尽可能将所有事件过程都考虑到，尽可能将每一事件中所有可能的数据（范围）都考虑到。程序调试完成后，应再次保存修改后的程序文件。本案例只设计了一个事件过程，编程人员在调试过程中应考虑在Text1中输入数据（即圆半径）后程序是否能做出正确处理：

● 输入非数字数据。

● 输入数字数据（负数或0）。

● 输入数字数据（较小正数）。

● 输入数字数据（较大正数）。

至此，已完成了一个完整的 Visual Basic 应用程序的设计过程。

经验交流

在 Visual Basic 应用程序开发过程中，编程人员应当：

① 先设计再实现。无论是界面还是代码，编程人员都应该根据问题要求事先做出设计，为自己的应用程序设计一个蓝图，避免问题实现过程中出现盲目的和不必要的步骤。

② 先保存再运行。运行调试前，应先保存应用程序，避免由于代码或运行问题而造成程序丢失。

习 题

一、简答题

1. 简述 Visual Basic 6.0 的特点。
2. 简述 Visual Basic 6.0 的基本功能。
3. Visual Basic 6.0 集成开发环境中包含哪些主要组成部分？
4. 创建 Visual Basic 应用程序的基本步骤是什么？

二、选择题

1. 将窗体文件移出工程后，该文件（　　　）。
   A. 还存在于硬盘上　　　　　　　　　　B. 已从硬盘上删除
   C. A 和 B 都有可能　　　　　　　　　　D. A 和 B 都不可能
2. 工程文件、窗体文件等文件的管理功能包含在（　　　）菜单中。
   A. 文件　　　　B. 编辑　　　　C. 工程　　　　D. 格式
3. 对象属性设置可在（　　　）中进行。
   A. 工具箱　　　　　　　　　　　　　　B. 属性窗口
   C. 工程资源管理器窗口　　　　　　　　D. 窗体设计窗口
4. 窗体和控件的描述及其属性的设置保存在（　　　）文件中。
   A. 工程　　　　B. 窗体　　　　C. 窗体二进制数据　　　　D. 标准模块
5. 模块级变量和用户自定义的通用过程保存在（　　　）文件中。
   A. 工程　　　　B. 窗体　　　　C. 窗体二进制数据　　　　D. 标准模块

三、填空题

1. Visual Basic 6.0 的 3 个版本是_____、_____和_____。
2. 集成开发环境是指集应用程序的_____、_____、_____于一体的软件开发环境。
3. 在 Visual Basic 6.0 集成开发环境中，要打开属性窗口，应选择_____→"属性窗口"命令。
4. 若要为现有工程添加一个已有的窗体文件，应选择"添加窗体"对话框中的_____选项卡。
5. *.frm 属于 Visual Basic 的_____文件。

第 2 章 Visual Basic 可视化程序设计

本章讲解
- 面向对象编程思想。
- 窗体的应用。
- 标签控件的应用。
- 文本框控件的应用。
- 命令按钮控件的应用。

本章通过一个典型案例引入窗体及几种最常用控件的使用，包括标签控件、文本框控件和命令按钮控件，既可使读者初步建立面向对象编程的思想，了解面向对象编程的方法与基本步骤，又便于后面编程语言学习过程中一些案例的理解。

2.1 可视化程序设计引例

本节给出一个包含窗体及基本控件的典型案例。窗体有提示信息显示，能接收用户从键盘输入的信息，响应用户鼠标单击事件，还能实现多窗体之间的切换。在基本控件中，标签控件可显示提示信息，文本框控件可接收用户键盘输入的内容，通常用命令按钮控件响应单击事件的某一功能。通过学习案例 2.1，熟悉窗体、文本框控件、标签控件及命令按钮控件等基本控件的主要属性、事件和方法。

【案例 2.1】设计一个登录界面，当用户输入的用户名及密码都正确时，转入下一窗体，否则提示用户重新输入。

案例分析

这是一个两窗体的 Visual Basic 应用程序。登录窗体中，需用两个文本框分别接收用户名和密码，并通过单击按钮来判断输入是否正确。若正确，则转入另一窗体，否则初始化文本框重新输入。

案例设计

（1）界面设计

除了"登录"窗体外，还需要设计另外一个"图片显示"窗体，显示一张静态图片。"登录"窗体中，两个标签控件分别用于两个文本框内容的提示，单击"确认"按钮检查输入信息，单击"取消"按钮退出应用程序。

（2）算法设计

通过"确认"按钮的单击事件来检测用户输入是否正确，算法描述如图 2-1 所示。

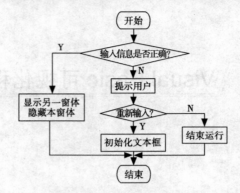

图 2-1　案例 2.1 "确认"按钮单击事件程序流程图

案例实现

（1）界面实现

操作步骤如下：

① 启动 Visual Basic 运行环境，加载多重窗体。设置相关属性，多重窗体的详细操作可参考 2.3.2 节。

② 分别在 Form1、Form2 上添加相应控件。

③ 在属性窗口中为控件及窗体设置相关属性值（见表 2-1）。Form1 设计界面如图 2-2 所示。

表 2-1　属 性 设 置

所 属 窗 体	控件（窗体）名称	属 性 名 称	属 性 值
Form1	Form1	Caption	登录
	Label1	Caption	用户名：
	Label2	Caption	密码：
	Text1	Text	
	Text2	Text	
		PasswordChar	*
	Command1	Caption	确认
	Command2	Caption	取消
Form2	Form2	Caption	图片显示
		Picture	D:\图库\bettle
		WindowState	2-Maximized
	Command1	Caption	退出

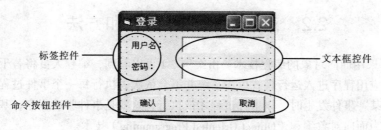

图 2-2　案例 2.1 的设计界面

（2）代码实现

Form1 的事件过程如下：

```
Private Sub Command1_Click()
  Dim a As Integer
  If Text1.Text="abc" And Text2.Text="123" Then
    Form1.Hide                              '用户名、密码正确
    Form2.Show
  Else
    a=MsgBox("用户名或密码有误,"确定"重新输入,"取消"退出",
    vbOKCancel+vbExclamation)
    If a=1 Then                             '重新输入
      Text1.Text=""
      Text2.Text=""
      Text1.SetFocus
    Else
        End
    End If
  End If
End Sub
Private Sub Command2_Click()
  End
End Sub
```

（3）保存、调试和运行

将两个窗体文件及一个工程文件保存在同一目录下。运行结果如图 2-3 所示。

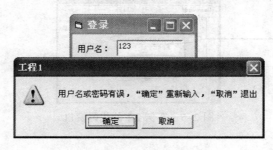

图 2-3　案例 2.1 的运行结果

2.2 对象的属性、事件和方法

Visual Basic 采用面向对象的编程技术。由案例 2.1 可以看到，编程人员将若干程序代码置于事件过程中，当应用程序进入运行模式后，系统并不会依次去执行每一个事件过程代码，而是处于等待状态，当某一事件发生时，该事件过程才被执行，这就是事件驱动程序，基于这种运行机制的编程技术称为面向对象编程（Object Oriented Programming）技术。

对象是面向对象编程的主体。这里对"对象"的理解，可结合现实世界中对象的概念，即客观存在的一切实体都可称为对象。其中，某些对象具有相同的性质，可发出或承受相似动作，通常把这些对象归为一类，如"白马非马"的论题中，白马就是一个对象，马则是所有具体马的抽象，即马类。一匹马具有颜色、身高、体重等一些性质（对象的属性），会发出嘶鸣、奔跑和睡觉等动作（对象的方法），还可能承受如钉掌、日晒和加鞭等外界的作用（对象的事件）。Visual Basic 中的类即控件类，如工具箱中的 TextBox，对象是指具体的窗体及添加到窗体上的控件，如通过鼠标拖动，在窗体上生成的 Text1 控件就是一个对象。

2.2.1 属性

生成一个 Visual Basic 对象后即可对其属性值进行设置和读取。用户可以在设计模式下通过属性窗口设置对象的属性值，也可将属性赋值语句写入代码段，在运行模式下执行该语句，即可改变对象的属性值。属性值读取是指通过变量赋值语句获取对象的属性值。

1．设计模式下设置属性值

在设计模式下，可在属性窗口设置对象的属性值。例如，案例 2.1 中，Form1 上的对象 Label1 的 Caption 属性值，在设计模式下已被设为"用户名："，如图 2-4 所示。

图 2-4　"属性"对话框

2．运行模式下修改属性值

在运行模式下，可通过执行一条赋值语句重新修改对象的属性值。语法格式为：

对象名.属性名=属性值

在图 2-5 中，语句组 1 就是两条属性赋值语句，执行该语句后，Text1、Text2 中的内容清空。

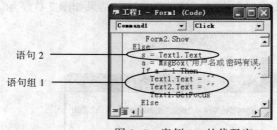

图 2-5　案例 2.1 的代码窗口

3．属性值的读取

在程序运行过程中，同样可以通过赋值语句读取某一对象的属性值。在图 2-5 中，语句 2 即为一条读取属性值的语句，该语句执行的结果是将 Text1 的 Text 属性值存于变量 s 中。

表 2-2 中列出了一些常用属性，这些属性也是大部分控件所共有的。

表 2-2 常 用 属 性

属 性	说 明
名称（Name）	每个对象都具有，用于识别该对象
Caption	设置对象在运行模式下所显示的字符（窗体为标题）
ForeColor	设置对象的前景色
BackColor	设置对象的背景色
Width	设置对象的宽度
Height	设置对象的高度
Left	设置对象左上角的横坐标
Top	设置对象左上角的纵坐标
Font	对象上显示文字的字体、字号等字符格式化设置
Enabled	设置对象在运行模式下是否可用，布尔类型为 True 时可用，为 False 时不可用
Visible	设置对象在运行模式下是否可见，布尔类型为 True 时可见，为 False 时隐藏（实际存在）

2.2.2 事件

事件是系统定义好的，可以被对象识别和响应的动作。对象可以响应哪些事件，什么时候响应，这是由系统设定的；但如何响应该事件是由用户编程决定的，所以设计事件过程是 Visual Basic 编程的核心。例如，命令按钮对象有单击（Click）、双击（Dbclick）等主要事件，对于同一事件，程序员在设计阶段写入不同功能的代码，就会有不同的响应结果。

Visual Basic 应用程序进入运行模式后，系统并不会自动逐一执行程序员在代码窗口事先写好的过程，而是等待事件的发生。当某一事件 E 发生时，系统会判断出该事件发生的对象 O，然后激活"对象 O_事件 E"事件过程，执行相应过程代码。执行过程中，若遇到结束命令，系统结束运行，否则直到该事件过程运行完为止，系统又处于等待状态。事件驱动流程图如图 2-6 所示。

对象的常用事件如表 2-3 所示。

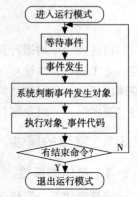

图 2-6 事件驱动流程图

表 2-3 常 用 事 件

事 件	触 发 条 件
Click	鼠标单击对象时触发该事件
Dbclick	鼠标双击对象时触发该事件
GotFocus	当对象获得焦点时触发该事件
LostFocus	当对象失去焦点时触发该事件
KeyDown	按下键盘上一个键时触发焦点对象的该事件
KeyUp	释放键盘上一个键时触发焦点对象的该事件

续表

事　　件	触　发　条　件
KeyPress	按下并释放键盘上一个键时触发焦点对象的该事件
MouseDown	按下鼠标任意键时触发该事件
MouseMove	鼠标滑过对象时触发该对象的事件
MouseUp	抬起鼠标任意键时触发该事件
Resize	对象第一次显示或尺寸发生变化时触发该事件

2.2.3 方法

对象的方法就是对象所能执行的任务，是已定义好的、嵌入对象内部的一段代码。程序员只须知道对象有哪些方法、每种方法的功能及其调用形式，就可以直接使用，而无须知道内部的具体程序代码，这是与事件相区别的一点。

语法格式：对象.方法 [参数列表]

常用的方法如下：

- Print 方法：在窗体、图片框、打印机或调试窗口中输出字符串。
- Cls 方法：清除运行过程中由 Print 方法打印在对象上的文本或图形。
- Move 方法：移动、改变对象或窗体。

2.3　窗　　体

窗体即程序的运行界面，是 Visual Basic 应用程序设计的基本平台和几乎所有控件的载体。新建一个工程后，系统自动添加一个空白窗体，用户可通过鼠标拖动边框改变窗体的大小，或设置窗体的属性、编写窗体的事件过程，也可在窗体上添加控件创建程序的界面。在设计模式下可通过"视图"→"对象窗口"命令打开当前窗体。

2.3.1 窗体的属性、事件和方法

1. 窗体的属性

设计模式下，当焦点在窗体上时，属性窗口列出了窗体的所有属性。这些属性大部分可通过属性窗口和程序代码两种方法设置，但也有一些属性只能通过其中一种方法设置。窗体除了具有表 2-2 中的常用属性外，还有一些重要属性，如表 2-4 所示。

表 2-4　窗体重要属性

属　性　名	说　　明	备　　注
Boderstyle	设置窗体边界样式、是否可改变大小	只在设计模式有效
MaxButton MinButton	设置在运行模式下，窗体的最大化、最小化按钮是否可用	只在设计模式有效
Icon	设置控制菜单的图标	
ControlBox	是否显示控制菜单图标与状态控制按钮	
ShowInTaskbar	设置窗体是否在任务栏中显示	只在设计模式有效

续表

属 性 名	说　　明	备　　注
WindowState	设置窗体启动时的状态	0：正常状态 1：最小化状态 2：最大化状态
Moveable	设置窗体是否可移动	只在设计模式有效
Picture	为窗体加载背景图片	
AutoRedraw	设置窗体重绘功能是否有效，即窗体被隐藏重新显示后，是否可以还原之前的画面	默认为 False

2．窗体的事件

窗体可响应所有鼠标事件和键盘事件，以及一些其他事件。常用的窗体事件如下：
- Click、Dbclick 事件：鼠标单击、双击时触发。
- Load、Unload 事件：窗体加载、卸载时触发。
- GotFocus、LostFocus 事件：窗体得到焦点、失去焦点时触发。
- Activate、Deactivate 事件：窗体由活动变为不活动、由不活动变为活动状态时触发。
- Resize 事件：窗体大小改变时触发。

3．窗体的方法

窗体的方法除了案例 2.1 中用到的 Show、Hide 外，还有 Print、Cls、Move 等常用方法。

（1）Show 方法

语法格式：`Form.Show`

功能：用于显示窗体。

（2）Hide 方法

语法格式：`Form.Hide`

功能：用于隐藏窗体。

（3）Print 方法

语法格式：`Form.Print [参数列表]`

功能：用于在窗体上显示内容。

说明："参数列表"可以是表达式，也可以是字符串常量或为空。为表达式时，窗体上显示的是该表达式的值；为空时，相当于换行功能。

有关 Print 的参数列表形式参见 3.1.3 节。例如，代码段为：

```
a = "我是表达式"
Form1.Print " --------"
Form1.Print a
Form1.Print
Print 3+4
```

运行结果如图 2-7 所示。

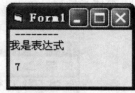

图 2-7　运行结果

（4）Cls 方法

语法格式：`Form.Cls`

功能：用于清除在程序运行过程中由 Print 方法显示在窗体上的内容。

（5）Move 方法

语法格式：`Form.Move Left[,Top[,Width[,Height]]]`

功能：用于改变窗体的位置和大小。参数分别指示出窗体移动后的左边距、上边距，以及宽度、高度。

2.3.2 多重窗体

对于较复杂的应用程序，需要在同一工程中创建和管理多个窗体。这些窗体相互独立，但程序可以通过窗体的 Show 和 Hide 方法在不同窗体界面间相互切换（如案例 2.1），实现不同功能，这就是多重窗体。案例 2.1 多重窗体应用程序的创建和使用过程如下：

1．添加、移除窗体

启动 Visual Basic 应用程序后，系统自动添加一个空白窗体 Form1，可通过下列 3 种方法再添加两个新窗体：

- 选择"工程"→"添加窗体"命令，在"添加窗体"对话框中选择"新建"选项卡。
- 单击工具栏中的"添加窗体"图标按钮。
- 右击工程资源管理器窗口中"窗体"选项，在弹出的快捷菜单中选择"添加"→"添加窗体"命令。

至此程序已创建了 Form1、Form2 两个窗体，如图 2-8 所示。

注意：要删除一个窗体 Form1，选中"工程资源管理器"中该窗体名称，选择"工程"菜单或快捷菜单中的"移除 Form1"命令即可。

2．窗体属性设置

各窗体属性值的设置参见表 2-1。

3．窗体位置设置

程序运行时，用户往往习惯于窗体在屏幕中间或者某一特定位置，对多窗体应用程序这一点尤为重要。可以通过以下两种方法设置各窗体运行时在屏幕上的默认位置：

- 在属性窗口中设置窗体的 Left、Top 属性，可精确定位。其中，Left 用于设置窗体的左边框距显示器屏幕的左边距，Top 为窗体上边框距屏幕的上边距。
- 在窗体布局窗口中设置。如图 2-9 所示，"窗体布局"窗口中有一个显示器，列有当前工程中所有窗体的图标。用户可通过鼠标拖动各窗体图标，直观地设置运行时窗体在显示器中的位置。

窗体布局窗口位于 Visual Basic 设计窗口的右下角，若不显示，可通过选择"视图"→"窗体布局窗口"命令打开。

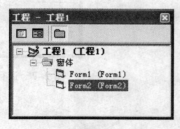

图 2-8　工程文件结构

图 2-9　窗体布局窗口

4．设置启动窗体

启动窗体即程序进入运行模式后第一个加载的窗体，也就是用户见到的第一个窗体。默认情况下，应用程序第一个创建的窗体为启动窗体，可按照以下步骤重新设置启动窗体：

① 选择"工程"→"工程属性"命令（或在工程资源管理器中右击"工程 1"，在弹出的快捷菜单中选择"工程属性"命令），打开"工程属性"对话框，如图 2-10 所示。

② 选择对话框中的"通用"选项卡。

③ 在"启动对象"下拉列表框中选择要设为启动窗体的窗体，单击"确定"按钮。

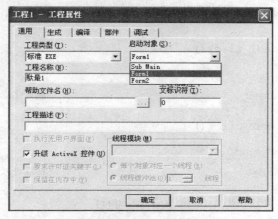

图 2-10　"工程属性"对话框

5．运行过程中窗体间切换的控制

设置好窗体的属性及启动窗体进入运行模式后，系统首先加载启动窗体。在案例 2.1 中，用户首先看到的只有"登录"界面。当用户输入正确信息并单击"确认"按钮后，该界面隐藏，同时打开"图片显示"界面。窗体间切换的控制是通过调用窗体相应的方法实现的。首先明确几个概念：

（1）窗体的 3 种状态

- 未装入：未写入内存。
- 装入未显示：已写入内存但未显示或被隐藏。
- 显示：已显示，用户可对其操作。

（2）相关操作

可通过 Load、Unload 语句加载、卸载窗体，窗体加载后不一定显示，可通过窗体的 Show 方法显示已加载的窗体或加载并显示未加载的窗体，暂时不用的窗体可通过 Hide 方法隐藏起来。

【案例 2.2】创建两个可互相调用的窗体，由 Form1 进入 Form2 后，Form2 可选择"最大化"或"标准"两种显示状态，不允许用户手工拖动改变 Form2 的位置。关闭 Form2 时，有"确实要卸载本窗体？"的文字提示。

案例分析

这是一个窗体基本属性、事件及多窗体之间相互切换的应用。

案例设计

通过调用窗体的 Show 和 Hide 方法实现 Form1 和 Form2 之间的切换，通过设置窗体的

WindowState 属性控制窗体的最大化和最小化状态。关闭窗体时的文字提示功能应在窗体的 Unload 事件过程中实现。

案例实现

（1）界面实现

启动 Visual Basic 环境后，在工程资源管理器中添加 Form2，在 Form1 中添加 Command1、Command2 控件。

Command1 的 Caption 属性值为"最大化进入 Form2"，Command2 的 Caption 属性值为"标准进入 Form2"，Form2 的 Movable 属性值为 False。

（2）代码实现

```
Private Sub Command1_Click()
   Form1.Hide
   Form2.Show
   Form2.WindowState=2                    '最大化进入
End Sub
Private Sub Command2_Click()
   Form1.Hide
   Form2.Show
   Form2.WindowState=0                    '标准进入
End Sub
Private Sub Form_Unload(Cancel As Integer)
   Dim a As Integer
   a=MsgBox("确实要卸载本窗体？", vbYesNo)
   If a=vbNo Then
      Cancel=-1                           '取消卸载
   End If
   Form1.Show
End Sub
```

进入运行界面后自动加载如图 2-11（a）所示窗体，当用户单击"标准进入 Form2"按钮后，加载 Form2 的效果如图 2-11（b）所示。单击"最大化进入 Form2"按钮，则进入窗体 Form2 最大化界面，当用户通过单击关闭按钮想关闭 Form2 窗体时，激活 Form2 的 Unload 事件，应用程序会弹出一个提示框，如图 2-11（b）所示。

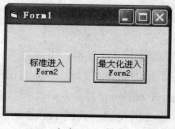

（a）Form1 界面

（b）Form2 标准状态关闭时界面

图 2-11 案例 2.2 的运行界面

经验交流

由于程序运行时窗体是先加载再显示，所以 Print 方法在 Load 事件中无效。在设计模式下置 AutoRedraw 属性值为 True，或在窗体的 Load 事件中先写入 Form.Show 方可使其有效。

2.4 基本控件

本节将介绍 Visual Basic 中常用的 3 种基本控件(文本框、标签控件、命令按钮)及其主要属性、方法和事件,关于控件的事件编程及其他详细应用,参见后面章节的介绍。

基本控件是 Visual Basic 内部定义的控件,所以也叫内部控件。启动 Visual Basic 集成环境后,工具箱中显示的就是 Visual Basic 的内部控件。用户可先选中工具箱中某一控件类,然后在窗体适当位置拖动鼠标,即可添加一个控件对象。添加控件对象后,系统自动为其分配一个默认名称,即 Name 属性值,如 Text1、Command3 等,默认名称后面的数字按同类控件在当前窗体上添加的顺序自动生成,用户也可根据需要自行修改。为了增强程序的可读性,可用"前缀+提示字符串"的形式作为对象名称,如 CmdOk、TxtInput 等。

2.4.1 标签

通过学习案例 2.3 体会标签控件的使用,了解其常用的属性、事件和方法。

【案例 2.3】通过标签控件的单击事件实现该控件大小的改变,运行结果如图 2-12 所示。

案例分析

通过对标签控件相应属性的设置,可控制其大小。若实现单击标签改变大小,需要在程序运行时动态改变对象的属性值。

案例设计

标签控件的 Width 属性和 Height 属性用于设置其尺寸。运行时,通过属性赋值语句可动态改变对象的属性值。本例在标签控件的单击事件中写入对标签控件的 Width 属性赋值的语句,即可实现图 2-12 所示的运行效果。

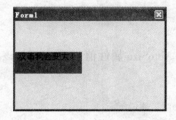
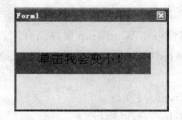

(a)单击标签后结果   (b)双击标签后结果

图 2-12 运行效果

案例实现

(1)界面实现

窗体上添加一个标签控件,属性设置如表 2-5 所示。

表 2-5 案例 2.3 属性设置

属 性 名 称	属 性 值
Alignment	2-Center
Caption	点我就变!
FontSize	四号

（2）代码实现
```
Private Sub Label1_Click()              '标签单击事件过程
  Label1.Caption="双击我会变大！"        '显示内容
  Label1.FontSize=10                    '字号
  Label1.Width=1500                     '控件宽度
End Sub
Private Sub Label1_DblClick()           '标签双击事件过程
  Label1.FontSize=14
  Label1.Width=3000
  Label1.Caption="单击我会变小！"
End Sub
```

相关知识讲解

标签控件（Label）可在运行模式下显示字符串，主要用于静态信息提示。该信息内容在运行时不可直接编辑，但可以通过代码修改。其位置与尺寸可通过 Left、Top、Width 和 Height 等属性精确设置，也可通过鼠标拖动控件或其边框修改。显示的文本在设计模式下可通过属性窗口进行设置。例如，上例在 Label1 控件属性窗口中 Caption 栏右端输入"点我就变！"，按【Enter】键即可确认修改。在运行模式下也可通过执行下列语句改变标签控件在本次运行时的显示文本：

`Label1.Caption="双击我会变大！"`

除了上述通用属性外，标签控件还有以下常用属性：

① Alignment 属性，设置标签控件上文本的对齐方式，属性值有 3 种选择：
- Left Justify：左对齐。
- Right Justify：右对齐。
- Center：居中对齐。

② AutoSize 属性，决定标签控件的尺寸是否能随着文本内容的多少自动调整大小：
- True：可调整。
- False：不可调整。

该属性可与 WordWrap 属性结合用。

③ WordWrap 属性，是否允许标签控件换行。只有当 AutoSize 属性值为 True 时，该属性设置才有效。
- True：可换行。
- False：不可换行。

④ BackStyle 属性，设置标签控件的背景：
- Transparent：透明背景。
- Opaque：不透明，可通过 BackColor 属性设置背景颜色。

⑤ BorderStyle 属性，设置标签控件的边框样式：
- None：不带边框。
- Fixed Single：带单边框。

标签控件也可响应鼠标、键盘等事件，但在程序设计中很少使用。

2.4.2 文本框

文本框控件（TextBox）主要用于显示输出信息及动态接收信息输入并编辑，完成交互过程。

通过案例 2.4 可初步掌握文本框的用法及其基本的属性、事件和方法。

【案例 2.4】设计一个具有复制功能的文本框。

案例分析

复制就是在保留原来内容的基础上创建一个副本，文本框的复制即对文本框内容的复制，将源文本框内容一一显示到另一文本框即可。

案例设计

复制的源内容可由用户通过一个文本框输入。当输入结束后，按【Enter】键确认并实现复制功能。可通过对文本框的按键事件编程实现这一功能。

（1）界面设计

这里需要两个文本框。为了提高界面的安全性，应将第二个文本框设置为只读属性。

（2）算法设计

程序流程图如图 2-13 所示。

案例实现

（1）界面实现

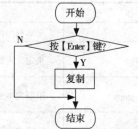

图 2-13 案例 2.4 按键事件程序流程图

启动 Visual Basic 环境后，在窗体中分别添加两个标签控件用于提示。两个文本框控件用于接收输入信息和显示复制信息，属性设置如表 2-6 所示，设计界面如图 2-14 所示。

表 2-6 属 性 设 置

控 件 名 称	属 性 名 称	属 性 值
Label1	Caption	输入字符按 Enter 键结束：
Label2	Caption	字符复制：
Text1	Text	
Text2	Text	
	Enabeld	False

（2）代码实现

```
Private Sub Text1_KeyPress(KeyAscii As Integer)    '按键事件
  If KeyAscii=13 Then                              '13 为 Enter 键的 ASCII 码
    Text2.Text=Text1.Text
  End If
End Sub
```

选择"运行""启动"命令，进入运行模式。用户只能在第一个文本框中输入字符串，输入结束后按【Enter】键时，本次输入的字符串会显示在第二个文本框中。运行界面如图 2-15 所示。

图 2-14 案例 2.4 的设计界面

图 2-15 案例 2.4 的运行界面

相关知识讲解

程序运行过程中,文本框可作为一个小型文本编辑器。用户不仅能输入文本,还可以做插入、修改、选择、剪切和复制等基本编辑操作,并可通过属性窗口将文本框设置成多行显示、加滚动条的形式以处理大篇幅的文本。另外,文本框还可以作为密码输入器。

(1) 属性

文本框常用的属性如表 2-7 所示。

表 2-7 文本框常用属性

属 性	说 明	备 注
Text	文本框的内容	
Locked	决定文本框是否可编辑,值为 True 时为只读文本	True:不可编辑 False:可编辑(默认)
Maxlength	限制文本框可接收的最长字符长度	0:不限制(默认) n:限制长度不超过正整数 n
MultiLine	决定文本框是否允许多行显示	True:允许 False:不允许(默认)
ScrollBars	设置文本框滚动条的状态。需加滚动条时,应先置 MultiLine 值为 True	0-None 1-Horizontal 2-Vertical 3-Both
PasswordChar	设置运行模式下文本框内容的替代字符	
SelStart	返回选定字符串的起始位置(起始位置为 0)	
SelLength	返回选定字符串长度(整数类型)	运行时有效
SelText	返回选定字符串内容	

(2) 事件

文本框控件也可响应 Click、DblClick 事件,常用的有以下事件:

- Change 事件:当文本框 Text 属性值发生改变时触发。
- KeyPress 事件:当用户按下并抬起键盘上任意键时触发,同时将此次按键的 ASCII 码(整数)作为返回值保存在名为 KeyAscii 变量中,以识别所按下的键名。
- GotFocus、LostFocus 事件:文本框得到、失去焦点时触发的事件,例如按【Tab】键时焦点从当前 Text1 转移到下一索引值的 Text2 上,同时触发了 Text1-LostFocus 及 Text2-GotFocus 两个事件。
- MouseUp、MouseDown 和 MouseMove 事件:这是 3 个鼠标事件,分别为在文本框上鼠标键按下、鼠标键抬起以及鼠标滑过时触发的事件。

学习案例 2.5,体会文本框控件的 KeyPress 事件的用法。

【案例 2.5】设计一个字符串的密码显示与还原显示应用程序。通过单击两个按钮,可在两种显示形式下切换;另外一个文本框作为第一个文本框的镜像,即每输入一个字符,都会在镜像文本框中同步显示。

案例分析

本案例主要有两个核心问题:一是密码显示与还原显示模式的切换;二是镜像同步显示的实现。

案例设计

文本框的 PasswordChar 属性用于设置其密码形式显示,两种显示模式的动态切换即在运行模式下动态地改变该属性值。镜像同步显示需要将代码写入文本框的 KeyPress 事件过程中。

案例实现

(1)界面实现

设计界面如图 2-16 所示,主要控件属性设置如表 2-8 所示。

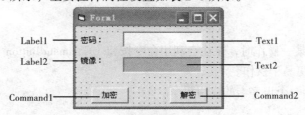

图 2-16　案例 2.5 的设计界面

表 2-8　案例 2.5 属性设置

控件名称	属性名称	属性值
Command1	Caption	加密
Command2	Caption	解密
Label1	Caption	密码:
Label2	Caption	镜像:
Text1	Text	
	PasswordChar	*
Text2	Text	
	Locked	True

(2)代码实现

```
Private Sub Command1_Click()
   Text1.PasswordChar="*"                          '"加密"按钮单击事件
End Sub
Private Sub Command2_Click()
   Text1.PasswordChar=""                           '"解密"按钮单击事件
End Sub
Private Sub Text1_KeyPress(KeyAscii As Integer)
   Text2.Text=Text2.Text & Chr(KeyAscii)           '将按键ASCII码转换成字符
End Sub                                            '将字符连接在Text2后面
```

运行结果如图 2-17 所示。

　　　　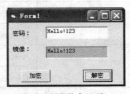

(a)密码形式显示　　　　　　　　　　(b)还原形式显示

图 2-17　案例 2.5 的运行界面

（3）方法

SetFocus 方法是文本框常用的方法，执行结果是将光标置于文本框中。例如，案例 2.1 中，当输入信息有误，用户选择重新输入时，应清空文本框中的字符串，准备接收新的输入。

其单击事件中有如下代码段：

```
Text1.Text=""              '清空 Text1
Text2.Text=""              '清空 Text2
Text1.SetFocus             '光标置于 Text1
```

2.4.3 命令按钮

当用户需要实现某一操作时，往往会利用命令按钮（CommandButton）的单击事件来完成，这样的界面更直观、更易于操作。

【案例 2.6】 设计一个识字卡的应用程序。

案例分析

用户单击界面上某一个汉字时，可在相应位置显示出该字的读音和英文等信息，帮助读者认读与识记。这需要用到命令按钮的单击事件，显示信息用标签控件即可。

案例设计

本案例的界面设计中主要解决识字卡片的生成、位置摆放、相关提示信息显示的位置等问题。识字卡片用按钮实现，使其成为一个个可单击的活卡片，通过设置命令按钮的相关属性即可生成识字卡效果。本例添加五张识字卡。

案例实现

（1）界面实现

添加 5 个命令按钮和 1 个标签控件。考虑到卡片效果，可通过属性窗口精确设置每个命令按钮的尺寸及位置。例如，Width、Height 属性均设为 1575，Top 属性均设为 3 000，使其具有相等的尺寸与高度。同时为每个按钮的 FontSize 属性设置"初号"，其余属性设置如表 2-9 所示。

表 2-9　案例 2.6 属性设置

控件名称	属性名称	属性值
Label1	Caption	
	BackStyle	0-Opaque
Command1	Name	cmdmom
	Caption	妈
Command2	Name	cmddad
	Caption	爸
Command3	Name	cmdwater
	Caption	水
Command4	Name	cmdmountain
	Caption	山
Command5	Name	cmdfish
	Caption	鱼

（2）代码实现
```
Private Sub Cmddad_Click()
  Label1.Caption="bà"+Chr(13)+Chr(10)+"father   dad"
  Label1.Left=Cmddad.Left
End Sub
```
这里只给出第一个命令按钮单击事件过程代码，读者可依此自行写出其余事件过程代码。各按钮单击事件过程实现了两个功能：一是在标签控件上显示该命令按钮所对应的汉字信息（Label1.Caption 属性）；二是水平移动标签位置，使其显示在该命令按钮上方（Label1.Left 属性）。

代码中用到的 Chr( ) 为 Visual Basic 内部函数，其功能是把括号里的 ASCII 值转换为对应的字符，如 13、10 分别为回车符和换行符的 ASCII 码。

运行界面如图 2-18 所示。

图 2-18 案例 2.6 的运行界面

相关知识讲解

命令按钮常用属性如下：

（1）Caption 属性

设置命令按钮的显示文本。

（2）Default 属性

设置命令按钮为默认的活动按钮。运行模式下，无论焦点在哪个控件上，按【Enter】键相当于单击该命令按钮。一个窗体最多只允许有一个命令按钮的 Defaule 属性值为 True。

（3）Cancel 属性

设置为默认的取消按钮。按【Esc】键相当于单击该按钮，同样一个窗体最多只允许一个命令按钮的 Cancel 属性值为 True。

（4）Style 属性

设置按钮的外观：

- 0-Standard：标准 Windows 按钮。
- 1-Graphical：可在按钮上放置图片。

（5）Picture、DownPicture、DisabledPicture 属性

当 Style 属性值设为 1 时，可通过这 3 个属性为按钮添加显示图片，形成按钮图标。

- 正常情况下，显示的是 Picture 属性加载的图形。
- 按钮按下时，显示的是 DownPicture 属性加载的图形。

- 当按钮不可用，即 Enabled 属性值为 False 时，显示的是 DisabledPicture 属性加载的图形。

命令按钮常用的事件是 Click 单击事件，有时也调用 MouseDown（鼠标键按下）、MouseUp（鼠标键抬起）、MouseMove（鼠标滑过）等事件。

2.4.4 基本控件应用实例

案例 2.7 是一个关于 Visual Basic 应用程序界面的设计问题，是文本框、标签及命令按钮控件的综合应用。

【案例 2.7】 设计一个简易计算器，可进行加、减、乘、除四则运算。

案例分析

参考 Windows 中计算器的运行界面，运算器应有运算数输入的文本框、实现运算过程的运算按钮、显示运算结果及提示信息的标签。四则运算主要考虑输入的运算数是否是数字，除法时除数是否为 0 等问题。

案例设计

（1）界面设计

接收两个运算数可用两个文本框，显示计算结果可用标签控件或文本框控件，用不同的按钮选择不同的运算类型；为便于再次输入新数，可用一个按钮实现清空功能。

（2）算法设计

用户输入运算数的同时，程序应有判断输入是否是数字的功能，若输入的字符不是数字，则不显示字符同时提示用户重新输入。此功能可在文本框的 KeyPress 事件中编程实现。做除法运算前，应先检查除数是否为 0，若为 0 则提示用户重新输入。除法运算程序流程图如图 2-19 所示。

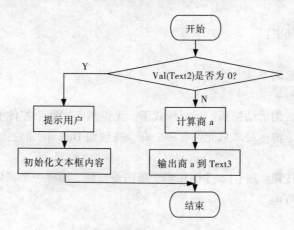

图 2-19 案例 2.7 除法运算程序流程图

案例实现

（1）界面实现

启动 Visual Basic 环境后，添加 3 个文本框，分别作为运算数 1、运算数 2 的输入及运算结果的输出，对应添加 3 个标签控件作提示，添加 4 个命令按钮分别对应加、减、乘、除 4 种运算，再添加一个清空按钮。各控件属性如表 2-10 所示，设计界面如图 2-20 所示。

表 2-10 案例 2.7 属性设置

控 件 名 称	属 性 名 称	属 性 值
Label1	Caption	第一个数：
Label2	Caption	第二个数：
Label3	Caption	计算结果：
Text1	Text	
Text2	Text	
Text3	Text	
Command1	Caption	加
Command2	Caption	减
Command3	Caption	乘
Command4	Caption	除
Command5	Caption	清空

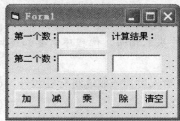

图 2-20 案例 2.7 的设计界面

（2）代码实现

```
Private Sub Cmdadd_Click()                    '加法运算按钮单击事件过程
  Dim a As Single
  a=Val(Text1)+Val(Text2)
  Text3=a
End Sub
Private Sub Cmddiv_Click()                    '除法运算按钮单击事件过程
  Dim a As Single
  If Val(Text2)=0 Then                        '判断除数是否为 0
    MsgBox "除数不能为 0！"
    Text2=""
    Text2.SetFocus
  Else
    a=Val(Text1)/Val(Text2)
    Text3=a
  End If
End Sub
Private Sub Text1_KeyPress(KeyAscii As Integer)   'Text1 按键事件用于检测
  If Not(KeyAscii>=48 And KeyAscii<=57) Then      '输入字符是否数字
    MsgBox "输入格式非法，请重新输入数字"
    KeyAscii=0                                    '退格
  End If
End Sub
```

代码窗口中还有乘法运算、减法运算、"清空"命令按钮单击事件过程、Text2 按键事件过程，请读者参考以上代码自行写出。

运行结果如图 2-21 所示。

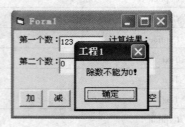

图 2-21　案例 2.7 的运行界面

案例归纳

这是一个文本框、标签控件和命令按钮的综合应用实例。计算结果的显示在本例中用了文本框控件，也可用标签控件或 Enabled 属性设置为 False 的文本框控件代替。

经验交流

Change 事件与 KeyPress 事件基本相同，但程序需要知道按下哪个键时，应选用 KeyPress 事件。

只显示字符而不需要接收用户输入时，一般选用标签控件，也可用 Enabled 属性为 False 的文本框控件代替，如案例 2.7 中 Text2。

习　题

一、简答题

1. 举例说明什么是对象的属性、事件和方法。
2. 简述事件驱动编程机制的大致流程。
3. 窗体的 3 种状态分别是什么？

二、选择题

1. SetFocus 是对象的（　　）。
   A. 属性　　　　　　B. 事件　　　　　　C. 方法　　　　　　D. 过程
2. 下列选项中，（　　）语句可能会改变 Text1 的 Text 属性值。
   A. Text1.Text = a　　B. a = Text1.Text　　C. 都有可能　　D. 都不可能
3. 窗体的 Print 方法实现的功能是（　　）。
   A. 在窗体上显示内容　B. 显示窗体　　　　C. 隐藏窗体　　D. 移动窗体
4. 用户可在（　　）对话框中为应用程序设置启动窗体。
   A. 工程属性　　　　B. 过程属性　　　　C. 添加窗体　　D. 添加过程
5. 运行模式下，可用（　　）控件接收用户输入的信息。
   A. 标签　　　　　　B. 文本框　　　　　C. 命令按钮　　D. 窗体

三、填空题

1. 要将一个文本框设置为可多行显示字符，应将文本框控件的_____属性值设为_____。
2. 要想限制文本框可接收字符的长度，应通过设置_____属性值来实现。
3. 可以通过改变控件的_____和_____属性值来调整对象在窗体上的位置。
4. 在一个 Visual Basic 应用程序代码窗口中写入如下事件代码：

```
Private Sub Command1_Click()
    Text1.Text="efg"
End Sub

Private Sub Form_Click()
    Text1.Text="abc"
End Sub

Private Sub Form_Load()
    Text1.Text="123"
End Sub
```

则进入运行模式后，Text1 中显示的内容是_____；单击窗体空白处后，Text1 中显示的内容是_____。

5. 在上题的基础上加入如下代码：

```
Private Sub Text1_Change()
    Text1.Text="456"
End Sub
```

则进入运行模式后，Text1 中显示的内容是_____；单击窗体空白处后，Text1 中显示的内容是_____。

6. 其余属性采用默认值，输入如下代码，当程序进入运行模式并单击窗体空白处时，窗体显示内容是_____。

```
Private Sub Form_Load()
    Print "您好";
End Sub
Private Sub Form_Click()
    Print "我是VB"
End Sub
```

7. 填入语句，使得 ok 和 cancel 两个命令按钮的可用性在单击时交替有效：

```
Private Sub cancel_Click()
    _____
End Sub

Private Sub ok_Click()
    _____
End Sub
```

8. 代码窗口中有如下代码：

```
Private Sub Command1_MouseDown(Button As Integer,Shift As Integer,X As Single,Y As Single)
    Command1.Caption="按下"
```

End Sub

Private Sub Command1_Click()
　Form1.Print Command1.Caption
End Sub

Private Sub Command1_MouseUp(Button As Integer,Shift As Integer,X As Single,Y As Single)
　Command1.Caption="抬起"
End Sub

则单击 Command1 后，按钮上显示字符和窗体输出的字符分别为_____和_____。

9. 下列代码段的功能是_____。
```
Private Sub command1_Click()
  Command1.Move Command1.Left-100
End Sub
```

10. 完善程序，使得下列程序实现的功能是：当用户在文本框输入字符串并按【Tab】键时，应用程序可判断输入的字符串是否是指定字符串。
```
Private Sub Text1_____()
  If Text1.Text <> "abc" Then
    MsgBox "输入错误，请重新输入!"
    Text1.Text=""
    Text1.SetFocus
  End If
End Sub
```

第 3 章　Visual Basic 结构化编程语言

本章讲解
- Visual Basic 编程基本步骤及算法描述。
- 基本语句。
- 分支程序结构。
- 循环程序结构。
- 结构嵌套。

作为面向对象编程语言，用 Visual Basic 编写的应用程序由用户界面和结构化的程序代码两部分组成。用户界面是一个外部框架，是程序运行时用户能看到并直接操作的部分，犹如程序的身躯；而代码则是给程序发出指令、操纵程序运行的部分，是程序的灵魂。因此，代码设计是编程语言学习者必须掌握的重要内容，设计程序主要就是设计它的数据结构和算法。

3.1　Visual Basic 程序设计基础

3.1.1　编程的基本步骤及算法描述

本章主要讨论程序设计中的代码设计部分，大部分例题忽略了界面设计，读者在设计过程中应按照案例 1.2 给出的完整设计步骤完成。下面先讨论细化了的代码设计步骤，以及几种描述算法的常用工具。

1. 编程步骤

（1）问题分析

将实际的、抽象的问题数学模型化，确定实现目标，以及问题的输入、输出、解决策略和需调用的事件等。

（2）算法设计

为问题设计一个解决方案及具体解决步骤，这一步应着眼于问题层，而不是代码规则层，也就是设计者可以不考虑代码书写的一些细节问题，甚至不用考虑具体用什么语言。事先为问题的解决设计一个正确的、高效的、可行的算法，对程序设计是很有必要的。

（3）代码实现

根据前面设计好的算法，在代码窗口写入 Visual Basic 代码，注意书写规范。

（4）调试运行

选择"调试"或"运行"菜单的相关命令，调试、修改、完善程序，直到正确为止。

（5）归纳分析

分析运行结果，总结归纳编程过程中遇到的典型问题及其解决方法，进而提出改进措施。

2. 算法的几种描述工具

算法（Algorithm）就是根据题目要求设计好的一个确定的解题步骤，或者是解题思想的描述。这样的解题步骤的描述，必须对设计是无歧义的，应该能指明控制流程、处理功能、数据组织甚至是一些实现细节。下面将结合例子介绍几种描述算法常用的工具。

某人从家去单位，步行 30 min，坐公车 10 min，如果天下雨，他就坐公车上班，否则步行。单位规定上班时间为早上 9 点，写出此人从家里出发到达单位的算法。

（1）语言描述

S1：开始。

S2：8:20 在家观察天气，如果不下雨，则转 S6，否则执行 S3。

S3：8:35 从家出发到公车站。

S4：8:40 坐上公车。

S5：8:50 下公车，转 S7。

S6：8:25 从家出发步行去单位。

S7：8:55 到达单位准备工作。

S8：结束。

（2）程序流程图

程序流程图的主要元素：

- 圆角矩形：表示开始、结束。
- 矩形：表示一个处理步骤。
- 菱形：表示一个逻辑条件。
- 箭头：表示控制流向。
- 平行四边形：输入或输出的数据（注：为了简化程序流程图形式，本书流程图中输入/输出与一般处理步骤均用矩形表示）。

程序流程图简单、直观，约束性小，但结构容易失控，数据结构不易表示。上述问题的流程图形式如图 3-1 所示。

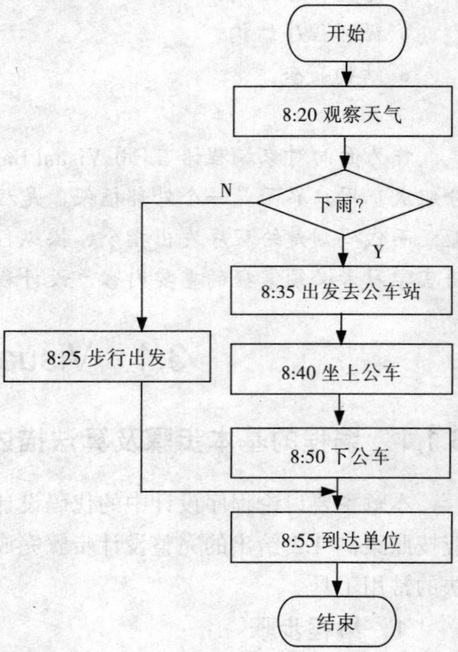
开始
8:20 观察天气
N
下雨?
Y
8:35 出发去公车站
8:25 步行出发
8:40 坐上公车
8:50 下公车
8:55 到达单位
结束

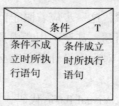

图 3-1 流程图

（3）N-S 图

图 3-2 所示的 N-S 图又称盒图，由于它没有箭头，所以不允许随意转移控制。另外，盒图中一个特定控制结构的作用域明确，特别适合结构复杂的程序。

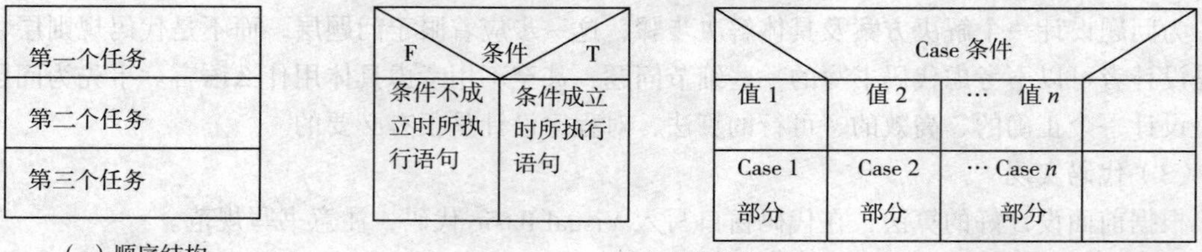

第一个任务
第二个任务
第三个任务
F
条件
T
条件不成立时所执行语句
条件成立时所执行语句
Case 条件
值 1
值 2
… 值 n
Case 1 部分
Case 2 部分
… Case n 部分

（a）顺序结构　　（b）选择结构

图 3-2 N-S 图基本符号

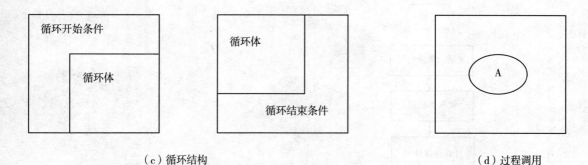

（c）循环结构　　　　　　　　　　　　　（d）过程调用

图 3-2　N-S 图基本符号（续）

上例的 N-S 图如图 3-3 所示。

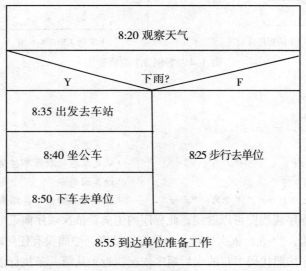

图 3-3　N-S 图

3.1.2　Visual Basic 语言基础

设计一个顺序结构应用程序，代码中包含变量、常量、内部函数及简单表达式，以及基本输入/输出等语句。

【案例 3.1】 已知球体半径，计算球的体积，并通过窗体打印输出。

案例分析

已知：球体半径（实数），求球体体积（实数）。球体体积计算公式：$v = 4/3 \pi r^3$。

球体半径可由程序给出，也可在运行时动态接收用户输入。考虑到程序的实用性，已知数据由用户给出，可通过输入语句或文本框控件，将半径值传给程序。

案例设计

程序流程图如图 3-4（a）所示，N-S 图如图 3-4（b）所示。

（a）案例 3.1 的程序流程图　　　　　（b）案例 3.1 的 N-S 图

图 3-4　案例 3.1 的流程图

案例实现

代码如下：

```
Dim r As Single, v As Single          '声明变量
Const pi=3.14                         '定义常量
r=Val(Text1.Text)                     '从文本框读取圆半径值
v=4/3*pi*r^3                          '计算圆面积
Print "球半径为: "; r; "体积为: "; v    '在窗体上输出计算结果
```

由图 3-4 所示的程序流程图可以看到，此程序的走向是依次顺序向下的，代码中前两行是声明语句，从第三行开始，3～5 行依次执行，到第五行结束，中间没有任何跳转。

顺序结构就是程序按照代码书写的先后顺序依次执行，从第一条执行语句开始，到最后一条语句结束。

案例归纳

书写代码时，应严格遵循 Visual Basic 编程规则且要养成良好的编程习惯。

（1）断行、续行的使用

一般一条语句放在一行，书写下一条语句是通过【Enter】键换行。个别长语句为避免窗口滚动，可分两行书写，也可将多条语句写在同一行：分行符"_"将一条语句分成多行显示，续行符":"可将多条语句连接于一行中。

（2）关键词及函数名的正确拼写

Visual Basic 语言中有许多关键词，如案例 3.1 代码中的 Dim、As 等，还有内部函数名，如 Val 等，这些词必须正确书写。但 Visual Basic 语言不区分大小写，编程人员书写时可忽略这一问题。

（3）使用西文符号

代码中除了字符串中的符号外，其余符号的输入应特别注意要切换到西文符号格式。

（4）添加必要注释

注释语句一般写在需要说明的语句或模块后面。例如，案例3.1中，每条语句后面都有说明。

注意：

为了便于初学者理解，本例每行语句后面都添加了注释来解释该行语句的功能。读者在编写代码时，可根据需要适量添加注释。

（5）缩进的设置

每行代码设置相应缩进量，可增强程序的可读性，尤其在复杂结构程序中，这一点尤显重要。

（6）变量的命名

变量名是由用户自行定义的，但变量名除了要符合命名规则外，还应注意尽量使用那些在阅读程序时便于区分和记忆的符号串。例如，例3.1中存储体积值的变量定义为v，存储半径值的变量定义为r。也可在变量名前面加一个指定前缀，以便识别变量的类型，如StrMyname为字符串类型的变量。

（7）常量的定义

程序中要尽量避免出现3.14、0.67这类数字，可用描述性常数名代替，如pi、ratio等，便于程序的阅读和修改。

相关知识讲解

分析例3.1代码中的以下5条语句：

① Dim r As Single, v As Single
② Const pi=3.14
③ r = Val(Text1.Text)
④ v = 4 / 3*pi*r^3
⑤ Print "球半径为: "; r; "体积为: "; v

其中：

语句①定义了两个单精度类型的变量r和v，分别存放半径值和体积值。

语句②定义了一个常量pi，其值为圆周率的近似值，便于后面计算。

语句③用到一个数值转换函数Val( )，其功能为将括号中的数据从字符类型转换为可参与算术运算的数值类型，并将其值存入变量r。

语句④通过算术运算符将几个运算数连接起来形成一个算术运算表达式，计算出球体体积并存入变量v。

语句⑤调用窗体的Print方法将运算结果显示到窗体。

通过以上分析，读者可注意到几个相关概念，如变量与常量、单精度类型、函数、表达式等。为了便于后面学习，本节将简要介绍有关程序设计的基础知识。

1. 常量与变量

Visual Basic代码语句中经常用到数据，如案例3.1中的实数半径、球体积、圆周率，字符串"abc"等，这些数据在程序运行过程中或是变化的或是保持不变的，需要变化的数据被定义为变量，保持不变的数据定义为常量。定义变量或常量就是在内存中开辟一定空间来存放数据。如图3-5所示，变量名为r的变量，当Text1中值为20时，执行语句r=Text1后变量值为20，即内存空间 r 中存放数据 20；改变 Text 值为 0.5，执行相应语句后，变量值也变为 0.5。为了便于管理，把这些数据加以分类，就是数据类型的定义。

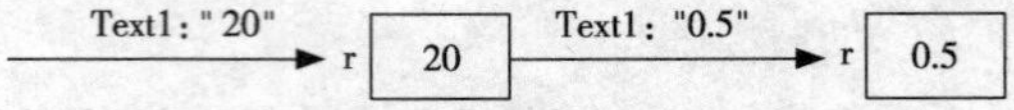

Text1:"20" → r 20 Text1:"0.5" → r 0.5

图 3-5 变量值的变化

（1）数据类型

计算机可处理各种数据，Visual Basic 中也对数据进行了分类（见表 3-1），以区分其数据域和存储空间的大小。

表 3-1 Visual Basic 标准数据类型

数据类型		关键字	类型符号	所占字节数	范围
数值型	字节型	Byte	无	1	0～255
	整型	Integer	%	2	-32 768～32 767
	长整型	Long	&	4	-2 147 483 648～2 147 483 647
	单精度型	Single	!	4	$-3.402\,823 \times 10^{38} \sim 3.402\,823 \times 10^{38}$
	双精度型	Double	#	8	$-1.7 \times 10^{308} \sim 1.7 \times 10^{308}$，15 位精度
	货币型	Currency	@	8	-922 337 203 685 477.580 8～922 337 203 685 477.580 8
字符型		String	$	不定	0～65 535 个字符
日期时间型		Date（Time）	无	8	100-1-1～9999-12-31 0:00:00～23:59:59
布尔型		Boolean	无	2	True 或 False
对象型		Object	无	4	任何引用的对象
变体型		Variant	无	不定	以上任意类型

① 日期型数据需用#括起来，格式为 mm/dd/yyyy 或 mm-dd-yyyy。如语句：Mydate=#9-3-2009#

② 变体数据类型是一种可变的数据类型，定义成 Variant 类型的变量，使用时可表示系统定义的任意类型的数据。

（2）变量的命名规则

应用程序是通过变量名来识别变量的。当程序中用到的变量较多时，最好用带有一定描述性的名称来给变量命名，以提高程序的阅读性和可维护性。给变量命名是人为的行为，但必须遵循以下规则：

① 变量名必须以字母或汉字开头，由字母、汉字、下画线、数字及变量类型符号组成的长度不超过 255 的字符串。

② 变量名不区分大小写。

③ 变量名不能与关键词冲突，如 single 即非法变量名。

④ 变量名在变量的有效范围内必须是唯一的。

（3）变量的声明

变量使用之前，一般需要通过声明语句给变量分配一定内存空间，同时把变量的相关信息通知给应用程序。变量的声明语句语法为：
　　Dim 变量名 [As 变量类型]或 Static 变量名 [As 变量类型]
也可在声明时用类型符号指明变量的类型。例如：
　　Dim s As Single
　　Dim s!
　　Dim power As Integer,base As Single
　　用 Dim 或 Static 声明变量称为显式声明。Dim 声明的变量为自动变量，自动变量在本次过程运行结束后立即释放变量所占的内存空间，变量中的数值也随之丢失。用 Static 声明的变量为静态变量，与自动变量相反，静态变量在过程结束后不释放内存空间，变量值会一直保存。
　　未经声明的变量也可直接使用（隐式声明），此时变量类型自动设为变体型。使用未经声明的变量是程序的隐患因素之一，建议读者养成先声明后使用的良好习惯。也可在通用声明部分写入 Option Explicit 语句，来强制显式声明当前模块的所有变量，或选择"工具"→"选项"命令，打开"选项"对话框，在"编辑器"选项卡中选中"要求变量声明"复选框（见图3-6），强制显式声名所有变量。

（4）变量的作用域

　　变量的作用域指明了变量的使用范围。一个 Visual Basic 应用程序可能包括多个模块，如窗体模块、标准模块、类模块等；每个模块又是由多个过程组成的，如事件过程、通用过程等。因此，变量的作用域也分为三级：局部变量、模块级变量和全局变量。变量一旦被声明成局部变量，则在本过程之外的其他过程中都是无效的。变量的作用域是由变量声明语句所在的位置及声明方式决定的，变量作用域的说明如表3-2所示。

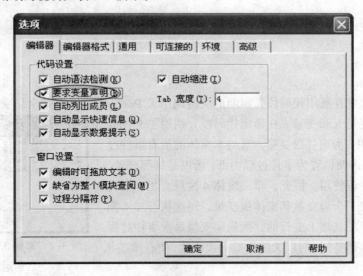

图3-6　"选项"对话框

表3-2　变量作用域的说明

变量作用域	声 明 方 式	声明语句所在位置	能否被本模块其他过程使用	能否被其他模块使用
局部变量	Dim 或 Static	过程内	否	否
模块级变量	Dim 或 Private	模块的通用代码段	能	否
全局变量	Public	模块的通用代码段	能	能

通过对案例 3.2 的分析,可看到不同作用域的变量的声明及用法。

【案例 3.2】在下面代码段中声明了 4 个变量 a、b、c、d,其中 a 为全局变量,b、c 为模块级变量,d 为局部变量。在运行模式下单击窗体 4 次后的结果如图 3-7 所示。

案例分析

将 4 个变量分别用不同关键词在不同的位置声明,还可定义成不同的数据类型。

案例设计

在同一事件过程中写入对这些变量操作的相应语句,多次执行该事件过程代码后,观察变量的变化。

案例实现

```
Option Explicit                '通用代码段
Public a As Integer
Private b As Integer
Dim c As String
Private Sub Form_Click()       '窗体单击事件
   Dim d As Integer
   a=a+1
   b=b+1
   d=d+1
   Print a, b, c, d            '分别输出 a,b,c,d
End Sub
Private Sub Form_Load()        '窗体装载事件
   c="Visual Basic"
End Sub
```

案例归纳

变量 a 声明位置在通用代码段,声明的关键词用了 Public,所以 a 是全局变量,可在整个应用程序中使用。变量 b 和变量 c 在通用代码段分别用了 Private 和 Dim 关键词声明,为窗体级变量,可被本窗体的所有事件过程使用。而变量 d 声明位置为事件过程内部,所以是局部变量,只能被本次事件过程使用。因此,单击窗体 4 次后,相应语句被执行了 4 次,对于全局变量和窗体级变量,每次执行加 1 操作都是在保留原值的基础上进行的,而局部变量每次事件过程执行完后要释放存储空间,所以无法保留上次的值,便有图 3-7 所示的运行结果。

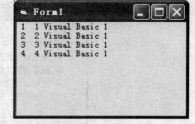

图 3-7 案例 3.2 单击窗体 4 次后的运行界面

(5)常量

常量除了普通常量外还有符号常量,符号常量又分用户自定义符号常量和系统符号常量。程序运行过程中,不变的数据即可定义成用户自定义的常量。常量声明语法格式:

```
Const 常量名[As 数据类型]=常量值
```

常量名命名规则以及作用域同变量,"As 数据类型"可省略,省略时其类型由常量值的类型决定。常量在使用过程中不允许改变其值。

Visual Basic 系统提供了多个常量集合供用户使用,主要有颜色常量、数据访问常量、键标码常量、形状常量等。代码中可以使用这些常量名,也可以直接使用常量值。

2. 表达式

单个的常量、变量、内部函数或者由运算符将它们连接起来的式子就是表达式。Visual Basic 系统提供了大量内部函数供用户调用,可分为数学函数、转换函数、字符串函数、日期函数等类型。调用内部函数时,只需知道函数功能、函数名称及参数形式即可直接使用,不必了解内部如何实现。具体函数名称及其功能表参见附录 B。

注意:

① 运算符优先级从上至下依次降低,可通过圆括号改变运算顺序。

② 符号 "-" 作为取反运算符时是单目运算,作为减法运算符时是双目运算;同样,"+" 符号既可做加法运算符,也可做字符串连接符号,作为哪种运算符出现由具体表达式的结构及参与运算的运算数的类型决定。

③ 符号 "&" 和 "+" 都可进行字符串连接运算,但略有区别。"&" 有自动转换为字符串运算的功能,而 "+" 则有自动转换成算术运算的功能,如表 3-3 所示。

④ F 和 T 分别表示逻辑常数 False 和 True。

表 3-3　数字字符串的连接运算

表达式	运算结果	表达式	运算结果
"2"&"3"	"23"	"2"+"3"	"23"
2 & 3	"23"	"2"+3	5

Visual Basic 运算符总结如表 3-4 所示。

表 3-4　Visual Basic 运算符及举例

运算类型	运算符	运算名称	优先级	举例	运算结果
算术运算	^	幂	11	5^2	25
	-	取反	10	-(-5)	5
	*	乘	9	5*5	25
	/	除	9	5/2	2.5
	\	整除	8	5\2	2
	Mod	取余	7	5 Mod 2	1
	+	加	6	2+3	5
	-	减	6	2-3	-1
字符串运算	&	字符串连接	5	"Visual" & "Basic"	VisualBasic
	+			"2"+"3"	23
关系运算	>	大于	4	2 > 3	F
	>=	大于等于	4	2 + 3 >= 3	T
	<	小于	4	2 < 3	T
	<=	小于等于	4	"abcd" <= "abc"	F
	=	等于	4	"ABCD" = "abcd"	F
	<>	不等于	4	2 <> 3	T

续表

运算类型	运算符	运算名称	优先级	举例	运算结果
逻辑运算	Not	非	3	Not T	F
				Not F	T
	And	与	2	F And F	F
				F And T	F
				T And F	F
				T And T	T
	Or	或	1	F Or F	F
				F Or T	T
				T Or F	T
				T Or T	T
	Xor	异或	1	F Xor F	0
				F Xor T	1
				T Xor F	1
				T Xor T	0

下面分析 3 个关于表达式应用的例子。

① 计算变量 a 的值：
a=20>5+7 And 7 Mod 12/2^2>1

解：a=False

运算顺序及运算中间值为：

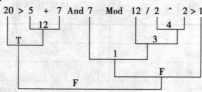

② 某公司选拔文职干部，符合以下条件的人即可参与竞选：学历 E 在本科以上、年龄 A 在 30~45 岁之间、所学专业 S 是中文或者法律的所有人员，请用表达式描述选拔条件。

解：E>=本科 And (A>=30 And A<=45) And (S=中文 Or S=法律)

③ 将下式转换成计算机能识别的表达式形式：

$$\frac{a+b}{\sqrt{a^2+b^2}} \times (|\log 5 - 1| + 2)$$

解：(a+b)/Sqr(a^2+b^2)*(Abs(Log(5)-1)+2)

其中，Sqr()、Abs()、Log()为 Visual Basic 内部函数，分别返回参数的平方根、绝对值和自然对数值。

3.1.3 基本语句

顺序结构的代码可以包含除了结构控制语句外的其余基本语句，主要有赋值语句、输入/输出语句、结束语句、错误处理语句及注释语句等。

1. 赋值语句

赋值语句的语法结构为：

变量名=表达式 或 对象.属性=表达式

用于改变变量或对象的属性值。赋值语句执行时，先计算赋值号"="右端表达式的值，然后再将其值赋给左端。案例3.1中第3、4条语句即为两条给变量赋值的语句。又如：

```
s="今天是一个Sunny day"
Text1.Text=s
a=b+c
```

2. 输入/输出语句

程序的运行过程中往往需要通过输入、输出与用户实现实时交互。

（1）输出

常用的信息输出方法如下：

① 给文本框的Text属性或标签控件的Caption属性赋值。例如：

`Label1.Caption="欢迎来到VB编程世界！"`

② 调用对象的Print方法。例如：

```
Private Sub Form_click()
  For i=1 To 4
    Print Tab(5-i); i; Spc(2*i); 5-i
  Next i
End Sub
```

这是一个循环结构代码段，运行结果如图3-8所示。运行程序时，Print语句循环4次，每次循环后使变量i值加1，第一次循环i值为1。

Print方法功能为在对象上打印参数列表所指内容，语法形式为：

`[对象.] Print 参数列表`

其中，对象可以是窗体、图形框或打印机，默认为当前窗体。

参数列表中可包括：

- 定位函数：用于决定打印内容的相对位置。Tab(n)从对象最左端起向后移动n列开始打印；Spc(n)，插入n个空格。
- 表达式：用于决定打印内容，可以是常量、变量或运算表达式。使用字符串常量时，应用双引号括起来。
- 分隔符：输出多项内容时对各项之间进行分隔。分号，使光标定位于紧跟在上一个显示符号之后的位置；逗号，使光标定位于下一个打印区域的开始位置；不使用分隔符，则下一符号将换行打印。

③ 使用MsgBox()函数（过程）输出提示信息。

例如：如下语句执行结果为弹出一个相应格式、内容的提示框，如图3-9所示。

`MsgBox "用户名输入有误", 0, "登录提示"`

MsgBox的功能是弹出一个消息框，提示用户某种信息。用户单击消息框上的一个按钮后，程序继续执行后面的语句。需要指出的是，MsgBox有函数和过程两种用法。

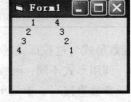

图3-8 循环代码段的运行结果

图3-9 消息框的运行界面

- 函数形式：n=MsgBox（提示 [,按钮] [,标题]）
- 过程形式：MsgBox 提示 [,按钮] [,标题]

其中，参数"提示"为字符串类型的表达式，是显示在消息框正文的提示信息内容；"按钮"为可选参数，整型表达式，决定消息框按钮的类型组合及图标类型；"标题"也是可选参数，字符串表达式，决定消息框窗口标题栏内容。

表 3-5 列出了消息框"按钮"的参数设置。

表 3-5 消息框"按钮"的参数设置

分 组	内 部 常 数	按 钮 值	意 义
按钮数目	vbOkOnly	0	只显示"确定"按钮
	vbOkCancel	1	显示"确定""取消"按钮
	vbAbortRetryIgnore	2	显示"终止""重试""忽略"按钮
	vbYesNoCancel	3	显示"是""否""取消"按钮
	vbYesNo	4	显示"是""否"按钮
	vbRetryCancel	5	显示"重试""取消"按钮
图标类型	vbCritical	16	关键信息图标
	vbQuestion	32	询问信息图标
	vbExclamation	48	警告信息图标
	vbInformation	64	信息图标
默认按钮	vbDefaultButton1	0	第一个按钮为默认
	vbDefaultButton2	256	第二个按钮为默认
	vbDefaultButton3	512	第三个按钮为默认
模式	vbApplicationModal	0	应用模式
	vbSystemModal	4096	系统模式

函数形式与过程形式区别为：
- 调用形式不同：函数形式的参数列表需用圆括号括起来，在赋值语句右部出现。过程形式参数直接写，单独出现。
- 用途不同：函数调用有返回值，返回值为用户所单击按钮的按钮值（见表 3-6），执行赋值语句后赋值语句左端变量 n 值记录了用户所选择的按钮。过程不带返回值。

若应用程序需要知道用户在消息框中所选按钮，并要据此做出不同的响应时，则使用函数形式，否则使用过程形式。

表 3-6 消息框按钮返回值

内 部 常 数	返 回 值	被按下的按钮
vbOk	1	确定
vbCancel	2	取消
vbAbout	3	终止
vbRetry	4	重试
vbIgnore	5	忽略
vbYes	6	是
vbNo	7	否

【案例 3.3】 设计一个简单的登录界面，单击命令按钮，实现如下功能：①当用户在文本框输入 12345678 字符串时，弹出消息框提示"密码正确"，同时在窗体的标签控件中显示"登录成功"；②若用户输入错误时，弹出一个带有"重试""取消"按钮的消息框，若用户选择"重试"按钮，则清空文本框并置入光标准备接收新输入，若用户选择"取消"按钮则结束程序运行。

案例分析

登录界面是应用程序中常见的界面，主要功能是判断用户输入的用户名、密码的信息，选择性地进入应用程序的主界面。代码主要用到后面将要介绍的分支程序结构进行判断，以及用消息框为用户提供相关信息。

案例设计

输入正确时的消息框只提示用户密码正确，不需要判断用户的不同按钮选择，所以可用消息框的过程形式。密码输入错误时，消息框提示用户输入错误的同时，需根据用户的选择，进入重新输入或结束程序两种分支，所以必须用消息框的函数形式，将所选按钮值返回给应用程序。

案例实现

界面实现如图 3-10 所示。代码如下：

```
pass=Text1.Text
  If pass="12345678" Then
    MsgBox "密码正确", , "输入密码"
    Label1.Caption="欢迎进入系统"
  Else
    i=MsgBox("密码错误", 5 + vbExclamation, "输入密码")
    If i=4 Then
      Text1.Text=""
      Text1.SetFocus
    ElseIf i=2 Then
      End
    End If
  End If
```

图 3-10　案例 3.3 的设计界面

运行界面如图 3-11 所示。

（a）输入正确消息框　　　　　　（b）输入错误消息框

（c）单击"重试"按钮后　　　　（d）单击"确定"按钮后

图 3-11　案例 3.3 的运行界面

（2）输入

常用的输入方式有：

- 通过文本框接收用户输入。

- 调用 InputBox()函数接收用户输入。

执行下列语句：
```
a=InputBox("请输入一个自然数:", "自然数输入框")
Print Tab(5); a
```
运行结果如图 3-12 所示。

图 3-12　输入框的运行界面

输入框功能为执行到该语句时，系统弹出一个包含文本框的输入提示框，用户在文本框中输入数据并单击"确定"按钮后，输入的字符串内容作为 InputBox()函数返回值返回并执行其后面的语句。InputBox()函数调用语法形式：

```
InputBox(提示 [,标题] [,默认值] [,x 坐标] [,y 坐标])
```

其中，"提示"为字符串类型的表达式，是显示在输入框正文的提示信息内容；"标题"是可选参数，字符串表达式，决定输入框窗口标题栏内容；"默认值"是字符串，当用户在输入框中未输入任何内容而单击"确定"按钮的函数返回值；"x 坐标""y 坐标"是整型表达式，决定输入框在屏幕的位置。

注意：输入框函数返回值同文本框控件的 Text 属性值一样，都是字符串类型。若要进行数值运算，需用 Val( )内部函数做类型转换。

3．结束语句

End 语句用于在程序代码中立即结束应用程序的运行。程序执行了 End 语句后，其后面的所有代码不会执行，事件也不会被触发，对象的各个引用将被释放。

除此以外，End 还可与其他保留字结合使用。例如：

- End If：结束一个 If 语句块。
- End Function：结束一个 Function 过程。
- End Sub：结束一个 Sub 过程。
- End Type：结束记录类型定义。
- End Select：结束 Select 语句结构。

4．错误处理语句

```
On Error Resume next        '出错继续执行下一条
On Error Goto 行号           '出错跳转到指定行号
On Error Goto 0             '关闭错误捕获
```

Visual Basic 中错误处理语句可在运行过程中临时避开错误，一般用于处理运行时动态的或由用户误操作引起的错误。使用错误处理语句时要小心，因为很有可能造成逻辑错误，但是它的好处是不会造成系统的崩溃。

5．注释语句

注释就是为了增加程序可读性，程序员在代码适当位置添加的一些说明性的、非执行的语句，Visual Basic 书写时用关键字 Rem 或单引号"'"将注释与代码分割开。例如，如下语句：
```
Print a, b, c, d                '分别输出 a、b、c、d
```
其中，"'分别输出 a、b、c、d"为注释语句部分，也可写成"Rem 分别输出 a、b、c、d"，代码中自动以绿色显示该部分语句。

3.2 程序的控制结构

顺序结构、分支结构和循环结构是程序的 3 种主要结构。本小节将讨论分支结构和循环结构程序设计，主要包括结构控制语句的使用及相关的算法设计。

3.2.1 分支结构

解决实际问题时往往会遇到这样的情况：根据某一条件选择具体动作，当条件成立时执行动作一，条件不成立时执行动作二。如前面提到的，如果明天不下雨，就坐公车去上班，否则步行去上班。明天的天气此时还是个未知数，所以用顺序结构很难实现，而用本章介绍的分支结构则可轻而易举地解决此类问题。

分支结构又可分为单分支、双分支、多分支与分支嵌套等结构。案例 3.4～3.8 给出 4 类分段函数，读者可结合各函数分段的特点理解不同分支结构。分段函数的特点是函数值由自变量范围决定，因此求解分段函数需分情况讨论，程序每次运行时，自变量值不同会得到不同的运算结果，程序应考虑到所有可能出现的情况，并加以讨论，这就是程序的分支结构。

1. 单分支结构

单分支结构就是只有一组语句可供选择的分支结构。

【案例 3.4】求函数值 b，其中 $b = \begin{cases} a-100 & (a>100) \\ 保留原始值 & (a \leq 100) \end{cases}$

案例分析

用两个文本框分别接收 a 的值和显示 b 的结果。当 a>100 时，将 a-100 的值赋给变量 b，否则不做任何操作，这符合单分支结构特点。

案例设计

程序流程图及 N-S 图如图 3-13 所示。

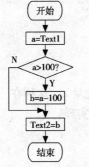
（a）案例 3.4 的程序流程图

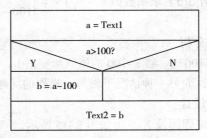
（b）案例 3.4 的 N-S 图

图 3-13　流程图和 N-S 流程图

案例实现

代码段如下：
```
Dim a As Single, b As Single
a=Val(Text1)
If a>100 Then
    b=a-100
End If
Text2=b
```
表 3-7 中列出了运行过程中输入不同 a 时计算所得的 b 值。由运行结果可看到，当 a>100 时，执行了 b=a-100 语句，否则该条语句未执行。

表 3-7　案例 3.4 运行结果分析

输入的 a 值	输出的 b 值	是否执行了语句 b=a-100
20	0	否
100	0	否
120	20	是
1 200	1 100	是

案例归纳

本例旨在分析程序结构，所以没有考虑文本框接收非数字字符的情况。本例给出的是一个单分支结构的应用程序，从执行过程分析，单分支结构程序中只有一种动作可选择，条件成立时执行该动作，条件不成立时不做任何动作。

相关知识讲解

单分支结构基本语句法为：
```
If 条件　Then
    语句组
End If
```
或
```
If 条件 Then 语句
```
程序流程图如图 3-14 所示。

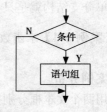

图 3-14　单分支程序流程图

2．双分支结构

双分支结构就是有两组语句可供选择的分支结构。

【案例 3.5】求函数值 b，其中 $b=\begin{cases} a-100 & (a>100) \\ 100-a & (a\leqslant 100) \end{cases}$

案例分析

当 a>100 时，将 a-100 的值赋给变量 b，否则将 100-a 的值赋给变量 b。这种在一种情况下做某一操作，而另一种情况下做另一操作的问题，应使用双分支结构来实现。

案例设计

程序流程图及 N-S 图如图 3-15 所示。

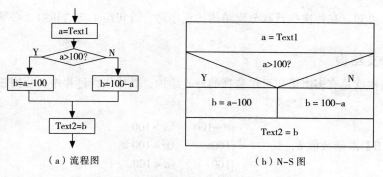

(a) 流程图　　　　　　　　　(b) N-S 图

图 3-15　案例 3.5 的程序流程图和 N-S 图

案例实现

代码段如下：
```
Dim a As Single, b As Single
  a=Val(Text1)
If a>100 Then
    b=a-100
Else
    b=100-a
End If
Text2=b
```

表 3-8 中列出了运行过程中输入不同 a 时计算所得的 b 值，以及两条赋值语句的执行情况。由运行结果可看到，当 a>100 时，执行语句 b=a-100，否则执行语句 b=100-a。

案例归纳

本例给出的是一个双分支结构的应用程序。从执行过程可看到，首先要给出一个条件，执行前先判断条件，如果条件成立，则做动作一，否则做动作二，这就是双分支程序结构。

表 3-8　案例 3.5 运行结果分析

输入的 a 值	输出的 b 值	是否执行语句	
		b=a-100	b=100-a
20	80	否	是
100	0	否	是
120	20	是	否
1 200	1 100	是	否

相关知识讲解

双分支结构的基本语法为：
```
If 条件  Then
   语句组 1
Else
   语句组 2
End If
```

程序流程图如图 3-16 所示。

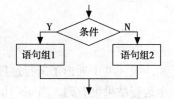

图 3-16　双分支程序流程图

由表 3-8 可知，在每次执行双分支结构的程序时，语句组 1 与语句组 2 必须且只能执行其中之一。

3. 多分支结构

多分支结构就是有多组语句可供选择的分支结构，具体执行过程中，程序根据条件只选择其中一组。

【案例 3.6】 求函数值 b，其中 $b = \begin{cases} a-100 & (a>100) \\ 100 & (a=100) \\ 100-a & (a<100) \end{cases}$

案例分析

b 的值有 3 种情况选择：当 a>100 时，b 值为 a-100；当 a=100 时，b 值为 100；当 a<100 时，b 值为 100-a。这种通过两种以上的条件判断确定结果的问题，通常采用多分支结构的程序实现。

案例设计

程序流程图及 N-S 图如图 3-17 所示。

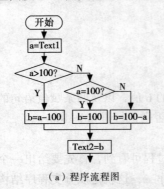 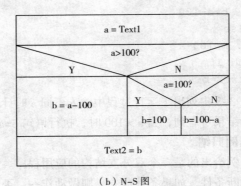

（a）程序流程图　　　　　　　　　（b）N-S 图

图 3-17　案例 3.6 的程序流程图和 N-S 图

案例实现

代码段如下：

```
Dim a As Single, b As Single
a=Val(Text1)
If a>100 Then
    b=a-100
ElseIf a=100 Then
    b=100
Else
    b=100-a
End If
Text2=b
```

表 3-9 中列出了运行过程中输入不同 a 时计算所得的 b 值，以及 3 条赋值语句的执行情况。由运行结果可看到，当 a>100 时，执行了 b=a-100 语句；当 a=100 时，执行语句 b=100；否则执行语句 b=100-a。

表 3-9　案例 3.6 运行结果分析

输入的 a 值	输出的 b 值	是否执行语句		
		b=a-100	b=100	b=100-a
20	80	否	否	是
100	100	否	是	否
120	20	是	否	否
1 200	1 100	是	否	否

案例归纳

本例给出了一个多分支结构的应用程序,从执行过程可看到,首先要给出一个条件,执行过程中判断条件,如果条件成立,则做动作一,否则进一步判断第二个条件,若成立则做动作二,否则做动作三,依次往下。这就是多分支程序结构的特点。

相关知识讲解

多分支程序的基本语法为:
```
If 条件 1  Then
    语句组 1
ElseIf 条件 2
    语句组 2
    …
Else
    语句组 n
End If
```
程序流程图如图 3-18 所示。

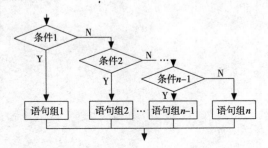

图 3-18　多分支程序流程图

例如,判断输入的数字是正数、负数还是零的代码可用多分支语句实现:
```
a=Val(InputBox("请输入一个数字: "))
If a>0 Then
    MsgBox "是正数"
ElseIf a < 0 Then
    MsgBox "是负数"
Else
    MsgBox "是零"
End If
```

书写代码时要注意,最后一个语句组前面是 Else,其余语句组 2 到语句组 n-1 之前的条件都由 ElseIf 引导。执行过程中,条件 1 成立时,执行语句组 1,结束分支结构,否则判断条件 2,若成立，执行语句组 2，结束分支结构……前 $n-1$ 个条件都不成立时，执行语句组 n。

4．分支嵌套

分支嵌套就是一个分支结构中又嵌套了一个或多个完整的分支结构。案例 3.7 给出的就是一个分支嵌套的问题。

【**案例 3.7**】求分段函数 b 的值，其中 $b=\begin{cases} \sqrt{a^2+c^2} & (a>100\text{ 且 }c>100) \\ \sqrt{a^2-c^2} & (a>100\text{ 且 }c\leqslant 100) \\ a & (a\leqslant 100) \end{cases}$

案例分析

用 3 个文本框分别接收 a 的值、c 的值并显示 b 的结果。本例有两个自变量，其中，当 a>100 时，b 的值还要看自变量 c，若 c>100，将 $\sqrt{a^2+c^2}$ 值赋于 b；若 c≤100，将 $\sqrt{a^2-c^2}$ 值赋于 b。当 a≤100 时，b 的值只由 a 确定：b=a。问题特点为：总体分析分两种情况，其中某种情况下又可分为两种情况，这种条件之中又嵌套条件的问题可用分支嵌套结构的程序解决。

案例设计

程序流程图及 N-S 图如图 3-19 所示。

案例实现

代码段如下：
```
Dim a As Single, b As Single,c As Single
  a=Val(Text1)
  c=Val(Text3)
If a>100 Then
  If c>100 Then
    b=Sqr(a^2+c^2)
  Else
    b=Sqr(a^2-c^2)
  End If
Else
  b=a
End If
Text2=b
```

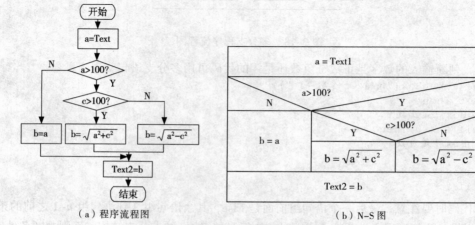

图 3-19　案例 3.7 的程序流程图和 N-S 图

表 3-10 中列出了运行过程中输入不同 a 时计算所得的 b 值，以及 3 条赋值语句的执行情况。由运行结果可看到，当 a≤100 时，执行了 b=a 语句，当 a>100 时还要看 c 的值，若 c≤100，执行 b=$\sqrt{a^2-c^2}$ 运算，c>100 则执行 b=$\sqrt{a^2+c^2}$ 运算。

表 3-10 案例 3.7 运行结果分析

输入的 a 值	输入的 c 值	输出的 b 值	是否执行语句		
			b=$\sqrt{a^2+c^2}$	b=$\sqrt{a^2-c^2}$	b=a
20	50	20	否	否	是
	500				
120	50	109.0871	否	是	否
	500	514.1984	是	否	否

案例归纳

本例给出的是一个分支嵌套结构的应用程序，其结构特点是一个分支结构中又嵌套了一个或多个完整的分支结构，如图 3-20 所示。其中，外重分支可以是单分支结构，也可以是双分支甚至多分支结构，内重分支可嵌套于外重分支的 Then 之后，也可嵌套于 Else 之后，本例是前者。

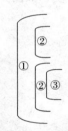

图 3-20 嵌套结构示意图

相关知识讲解

分支嵌套程序基本语法为：
```
If 条件1  Then
    …
    If 条件2  Then
        …
    End If
Else
    …
End If

If 条件1  Then
    …
Else
    If 条件2  Then
        …
    End If
    …
End If
```

注意：书写代码时注意分支嵌套与多重分支的区别，多重分支只有一个 If 及一个 End If，而分支嵌套的每个 If 都要有一个 End If 与之配对。

以上介绍的多种分支结构在实际应用过程中需根据实际情况加以区分应用，而有些情况下也可用不同的分支结构解决相同问题，如案例 3.8 所给问题既可用单分支结构解决，也可用双分支结构解决。

【案例 3.8】已知数 a，求 b 的值，其中 b=|a|。

案例分析

当 a≥0 时，b=a；当 a<0 时，b=-a。由此可见，要求 b 的值，首先判断 a 的取值范围，用分支结构实现。

$$b = \begin{cases} a & (a \geq 0) \\ -a & (a < 0) \end{cases}$$

案例设计

(1) 设计一

用双分支结构，根据 a 值范围不同，赋予 b 不同的值，如图 3-21 (a) 所示。

(2) 设计二

也可用单分支结构实现，先初始化 b 为 a，再判断 a 是否小于 0，若是则更新 b 为-a，否则保持 b 值不变，如图 3-21 (b) 所示。

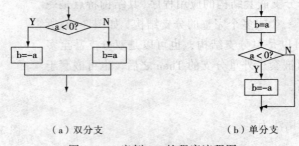

(a) 双分支　　　　　　　　　(b) 单分支

图 3-21　案例 3.8 的程序流程图

案例实现

两种方法代码段如下：

双分支：
```
If a>=0 Then
  b=a
Else
  b=-a
End If
```

单分支：
```
b=a
If a<0 Then
  b=-a
End If
```

案例 3.9 是一个分支嵌套的综合应用，注意其中 GoTo 语句的功能。

【案例 3.9】改进案例 2.1 的登录程序，使其用户名判断和密码判断能区分开，同时限制用户输入最多不能超过 3 次。

案例分析

如果用户名错误，退出事件过程，只有在用户名正确输入的条件下，才继续判断密码，所以需要用到分支嵌套结构来解决此问题。当用户在一次运行过程中单击 3 次"确认"按钮时，文本框自动转为不可用状态，锁定此次运行，这就需要定义一个模块级的计数器变量。

案例设计

程序用到一个双重的分支嵌套和一个单分支，其中分支嵌套分别由两重双分支构成，算法描述如下：

① 判断用户名，若不正确转向④。

② 判断密码，若不正确转向⑤。
③ 提示成功，转向⑧结束。
④ 提示用户名错误，初始化用户名文本框，转向⑥。
⑤ 提示密码错误，初始化密码文本框。
⑥ 计数器+1，判断计数器是否溢出，若否转向⑧。
⑦ 设置"确认"按钮不可用。
⑧ 结束。

由于第③步登录成功后不需要对计数器再进行处理，所以不从正常分支出口退出，而是直接跳转到第⑧步结束，这就需要用到 GoTo 跳转语句。

案例实现
代码如下：
```
Dim n As Integer                          '通用代码段声明模块级变量n
Private Sub Command1_Click()
  If Text1.Text="abc" Then                '用户名判断，外重分支
    If Text2.Text="123" Then               '密码判断，内重分支
      MsgBox "登录成功！"
      GoTo end1
    Else
      MsgBox "密码错误！"
      Text2.Text=""
      Text2.SetFocus
    End If
  Else
    MsgBox "用户名有误！"
    Text1.Text=""
    Text1.SetFocus
  End If
  n=n+1
  If n=3 Then                              '独立分支，判定输入次数是否超过3次
    Command1.Enabled=False
  End If
end1:
End Sub
```

相关知识讲解
代码中有两行语句：GoTo end1、end1:。这里的 GoTo 是无条件跳转语句，执行到该语句时，程序无条件地跳转到语句所指标号处并向下执行。语法格式如下：

GoTo {标号}

"标号"是用户定义的一条语句的代号，代码中 end1 即为一个用户定义的标号。需要注意的一点是，由于 GoTo 是无条件跳转语句，为避免造成程序可读性差、结构混乱，建议读者尽量少用 GoTo 语句。

思考：
如果条件换为 Text1.Text <> "abc"、Text2.Text <> "123"，代码应如何修改？这里给出分支嵌套代码段的框架，请读者自行填出方框中缺少的语句组，完善程序。

```
If Text1.Text <> "abc" Then
```
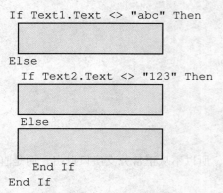
```
Else
  If Text2.Text <> "123" Then

  Else

  End If
End If
```

5．其他分支语句

多分支结构还可用 Select Case 语句实现，用于分离并处理表达式的多种取值情况。例如，上例分支嵌套可用下列代码段代替：

```
a=InputBox("请输入一个数字：")
Select Case a
  Case Is>0
    MsgBox "是正数"
  Case Is<0
    MsgBox "是负数"
  Case Else
    MsgBox "是零"
End Select
```

语法形式为：
```
Select Case 测试表达式
  Case 表达式列表 1
    语句组 1
  Case 表达式列表 2
    语句组 2
  …
  Case Else
    语句组 n
End Select
```

该语句执行过程为先运算"测试表达式"的值，再依次与后面的"表达式列表"匹配，当得到正确匹配时，执行该表达式列表后面的"语句组"，然后结束该 Select Case 语句。若都不匹配，则执行 Case Else 后面的语句块，然后结束该 Select Case 语句。

注意：

① Select Case 与 End Select 成对出现。

② Select Case 不可写成 SelectCase。

③ 最后一种情况用 Case Else 引导，包括了除以上 n-1 种情况以外的所有情况。

④ Select Case 之后的"测试表达式"必须与后面的每一个"表达式列表"的类型相同，表达式列表 n 可以是下列情形之一或混合使用：

- 表达式[，表达式]……

如：Case 1，2，a+b

- 表达式 To 表达式

如：Case 1 To 10

- Is 关系表达式

如：正整数可写成 Case 1，2，Is>3

以下是一个 Select Case 语句的典型案例。

【案例 3.10】根据输入的四则运算符，对随机产生的两个数进行相应运算并显示结果。

案例分析

运算符确定后方可进行运算，根据输入的运算符确定采用四则运算中的哪种，这属于分支结构，选择条件有加、减、乘、除 4 种，属于多分支选择结构。

案例设计

由文本框输入一个运算符号，判断运算符号是"+""-""×""÷"中的哪一个，然后根据判断结果对随机生成的两个数进行相应的算术运算，结束分支结构，显示运算结果。

案例实现

实现多分支选择结构可用 If 语句，也可用 Select Case 语句。用 Select Case 语句实现的代码段如下：

```
a=Int(Rnd*100)            '产生 0~99 的随机整数
b=Int(Rnd*100)
f=Text1.Text
Select Case f
  Case "+"
    c=a+b
  Case "-"
    c=a-b
  Case "*"
    c=a*b
  Case "/"
    c=a/b
  Case Else
    MsgBox "输入错误！"
End Select
Text2=c
```

案例归纳

程序中用到 Visual Basic 的两个内部函数 Int( )和 Rnd( )。

- Int 为取整函数，返回小于或等于参数的最大整数，如 Int(2.7)=2，Int(-2.7)=-3。
- Rnd 返回值为大于等于 0 小于 1 的双精度随机数，常用于产生一定范围的整数。产生 n~m 之间的随机整数可用：Int(Rnd *(m-n+1)+n)。

3.2.2 循环结构

实际问题中存在许多需要重复操作的情况，如判断一个数是否是素数、求 100 以内所有素数等问题。在 Visual Basic 应用程序中，常采用 For、Do 等循环结构语句实现这些重复操作。案例 3.11 与案例 3.12 分别给出了这两种循环语句的用法，案例 3.13 则是一个循环嵌套结构的问题。

1．循环结构程序引例

【案例 3.11】 $s=1+2+3+4+\cdots+100$，计算 s 的值。

案例分析

这是一个累加问题，即在初始值的基础上不断叠加，求出最终的和。常用到的语句是：
s=s+i

累加前 s 需初始化为基础数，如零，每执行一次该语句 s 的值递增 i，直至加完，得到的 s 值即为所求和。本例实现语句为：

```
s=0                  '初始化 s
s=s+1                '第一次累加，s=1
s=s+2                '第二次累加，s=1+2
s=s+3                '第三次累加，s=1+2+3
...
s=s+100              '第 100 次累加，s=1+2+3+ … +100
```

100 个数累加共需 100 条累加语句，若一万个数相加则需一万条语句，这显然是不合理的。再看这 100 条累加语句，其形式都是 s=s+i，这样相同形式的语句需要执行多次时，就可考虑使用循环程序结构。分支语句也可实现循环结构：

```
s=0                  '初始化累加器
i=1                  '初始化加数
loop1:
If i<=100 Then
  s=s+i              '语句①累加
  i=i+1              '语句②更新加数
  GoTo loop1         '语句③跳转至标号
End If
```

根据条件判断，①、②、③三条语句在一次事件过程中执行 100 次，执行完第 100 次后，i 值为 101，不满足分支条件，退出分支结构，s 变量中得到最终和。但 Visual Basic 中实现循环结构有专门的循环语句。

案例设计

程序流程图及 N-S 图如图 3-22 所示。

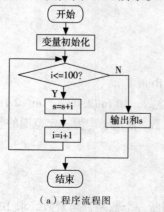

（a）程序流程图　　　　　　　　　　（b）N-S 图

图 3-22　案例 3.11 的程序流程图和 N-S 图

案例实现

（1）代码一

```
Private Sub Form_Click()
  Dim i As Integer, s As Integer
  s=0
  For i=1 To 100                    'For 语句
    s=s+i
  Next i
  Print s
End Sub
```

（2）代码二

```
Private Sub Form_Click()
  Dim i As Integer, s As Integer
  s=0
  i=1
  Do While i<=100                   'Do 语句
    s=s+i
    i=i+1                           '修改循环条件
  Loop
  Print s
End Sub
```

2．基本语句

当程序需要重复执行一系列操作时，就应考虑循环结构。设计循环结构程序时，需要考虑进入循环前初始化、循环条件及循环体三要素，即要正确设计循环的入口、出口及内部操作，否则会造成死循环、边缘值处理不当等错误。案例 3.11 中的这三部分如下所示：

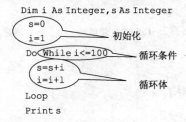

一般在循环结构中，若事先可确定循环次数，考虑用 For 语句。若循环是由某一条件控制，而事先无法得知其循环体执行的确切次数，则考虑用 Do 语句。

For 语句循环结构常用于循环次数已知的情况，如判断一个数是否是素数的问题。

【案例 3.12】判断由用户输入的数 n 是否是素数。

案例分析

素数就是只能被 1 和它本身整除的数。判断一个数 n 是否为素数，即从 $2 \sim \sqrt{n}$ 依次判断每一个数是否能整除 n，若都不能整除则 n 是素数，否则不是素数。其中，判断某一个 $2 \sim \sqrt{n}$ 之间的数 i 是否能整除 n 这一操作需重复多次，程序解决此类问题时不需一一编写问题实现，而是把同类操作放在循环体内，用循环语句来实现，且循环次数已知，所以用 For 语句实现。

案例设计

程序流程图如图 3-23 所示。

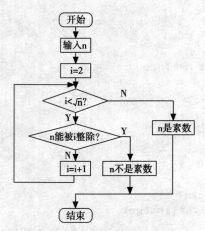

图 3-23 案例 3.12 的程序流程图

案例实现

代码如下：
```
Private Sub Form_click()
  Dim n As Integer, i As Integer
  n=InputBox("请输入一个大于2的整数: ")
  For i=2 To Sqr(n)
    If (n Mod i)=0 Then
      MsgBox n & "不是素数"
      Exit Sub
      '找到一个能整除n的数则不需再继续判断,结束程序
    End If
  Next i
  MsgBox n & "是素数"             '循环正常退出
End Sub
```

相关知识讲解

本例用到 For 语句实现循环结构。

（1）For 语句语法结构
```
For i=s To e [Step t]
    语句组
Next i
```

其中：For、To、Step、Next 为 Visual Basic 保留字；i 为循环变量，s 为循环变量初值，e 为循环变量终值，t 为步长，即每次循环结束后，循环变量的增量，默认步长为 1；"语句组"为循环体。

（2）For 语句执行过程

开始循环前，将循环初值 s 赋给 i，判断循环条件：i 值是否越过终值 e，若否则执行循环体一次后，执行 Next i 语句，使 i=i+t，并返回判断条件处继续执行，直至循环条件不满足退出循环，执行 Next i 的下一条语句。For 语句构成的循环结构程序流程图如图 3-24 所示（步长大于 0 的情况）。

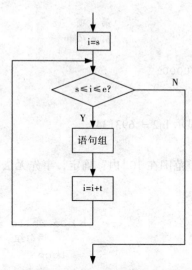

图 3-24 For 语句的程序流程图

（3）For 语句循环体执行次数

For 语句中循环体执行的次数由循环初值 s、循环终值 e 和步长值 t 共同决定：

循环次数=int（（终值-初值）/步长）+1

当终值>初值时，步长应大于 0 才能确保循环正常运行；相反，若终值<初值，步长应小于 0。如求 0~100 范围内所有偶数的和，请读者分析下列三段代码段是否正确。

```
sum=0                    sum=0                    sum=0
For i=0 to 100 Step 2    For i=100 to 0 Step 2    For i=100 to 0 Step -2
  sum=sum+i                sum=sum+i                sum=sum+i
Next i                   Next i                   Next i
```

本例代码中用到 Exit 语句，其功能为退出某种控制结构，如 Exit For，退出 For 循环结构；Exit Do，退出 Do 循环结构；Exit Sub，退出本次事件过程。

Do 语句用于循环结构预先无法确定的情况，如案例 3.12 所涉及的问题。

【案例 3.13】求 ln2 的近似值，误差范围在 10^{-5} 内。

案例分析

已知级数 $\ln 2 = 1 - \dfrac{1}{2} + \dfrac{1}{3} - \cdots + (-1)^{n-1}\dfrac{1}{n} + \cdots$，当 $\left|(-1)^{n-1}\dfrac{1}{n}\right| < 10^{-5}$ 时达到精度要求。

案例设计

此题可以看作累加求和的问题。和 s 的初始值为 0，每次往和里累加一个当前项，第 1 次的当前项 a=1，而第 n 次的当前项值为 $(-1)^{n-1}\dfrac{1}{n}$，当某次计算得当前项 a≤0.000 01 时，退出循环结束运算。

案例实现

```
Private Sub Form_Click()
  Dim a As Single,s As Single,n As Long
  n=1
```

```
    Do
      a=(-1)^(n-1)*(1/n)          '第n项
      s=s+a                        '前n项和
      n=n+1
    Loop While Abs(a)>0.00001
    Print"ln2="&s
End Sub
```

运行模式下单击窗体,则显示 ln2 = .6931341。

案例归纳

本例循环次数由条件"误差范围在 10^{-5} 内"确定,事先无法判定,所以用 Do 语句实现。

相关知识讲解

(1) Do 语句语法结构

(a) Do   　　　　　　　　(b) Do While 表达式
　　语句组   　　语句组
　　Loop While 表达式   Loop

其中,Do、While、Loop 是 Visual Basic 保留字,While 后面的"表达式"为循环条件,"语句组"是循环体。

(2) Do 语句执行过程

语法结构(a):先执行循环体"语句组",然后再判断条件"表达式",当值为 True 时,继续执行循环体,直至某一次执行完循环体后,判断条件为 False 为止退出循环,执行 Loop 后面的语句。

语法结构(b):先判断循环条件,若满足则执行循环体,直至执行某次循环体前判断条件为 False 为止退出循环,执行 Loop 后面的语句。

这两种结构的区别在于前者是先执行后判断,后者是先判断后执行,因此结构(b)使用时若初始条件设置不当,会造成无法进入循环的错误。本例循环语句若改成:

```
Do While Abs(a)>0.00001
  a=(-1)^(n-1)*(1/n)
  s=s+a
  n=n+1
Loop
```

由于变量未赋初值前默认值为 0,所以初始条件不满足,使得循环无法正常运行。

(3) Do…Loop 语句中的 While

也可换成 Until,语法结构为:

```
Do
   语句组
Loop Until 表达式
```

功能为"表达式",值为 True 时终止循环。与 While 一样,Until 及其引导的条件表达式部分也可放在 Do 后面。

注意:For 循环结构中 Next 语句有循环变量自动增量的功能,Do 语句本身却没有,这就需要编程人员在循环体中自行设计相应语句,避免造成死循环。例如,本例中的 n=n+1 语句。

3. 循环嵌套

循环嵌套就是在一个循环结构的循环体语句组中又包含了循环结构或循环嵌套结构的语句，循环嵌套中的每一重循环结构都可以用 For 语句或 Do 语句实现。分析案例之前先看两段代码。

代码一：
```
Private Sub Command1_Click()
  Dim i%, j%
  For i=1 To 3
    For j=1 To 5
      Print i*j;
    Next j
    Print
  Next i
End Sub
```
请分析上述代码的运行结果。

代码二：
```
Private Sub Command1_Click()
  Dim i%, j%, k%, a%, b%, c%
  For i=1 To 2
    For j=1 To 3
      For k=1 To 4
        a=a+1          '语句 1
      Next k
      b=b+1            '语句 2
    Next j
    c=c+1              '语句 3
  Next i
  Print a, b, c
End Sub
```
请分析上述代码，单击 Command1 后语句 1、语句 2 以及语句 3 分别运行了几次？运行结果是什么？

【案例 3.14】 求 100 以内的所有素数。

案例分析

求 100 以内的所有素数问题中，判断某一数是否为素数，案例 3.13 已用循环结构实现过。而分别判断 2～100 这 99 个数中的每一个数是否素数，又是一个循环问题，即循环之中又有循环，这就是循环嵌套。

显然，这是一个循环次数为 99 的循环结构，而第 i 次循环所解决的问题是判断自然数 i+1 是否为素数。

案例设计

程序流程图如图 3-25 所示。

案例实现

代码如下：
```
Private Sub Form_Click()
  Dim i%, j%, f%, a%
```

```
For i=1 To 100
  a=Sqr(i)
  For j=2 To a
    If i Mod j=0 Then
      GoTo e                     '非素数出口
    End If
  Next j
  Print i,                       '输出一个素数
  f=f+1                          '更新计数器
  If f Mod 4=0 Then Print        '换行打印
e:
  Next i
  Print
  Print "共" & f & "个素数"
End Sub
```

运行结果如图 3-26 所示。

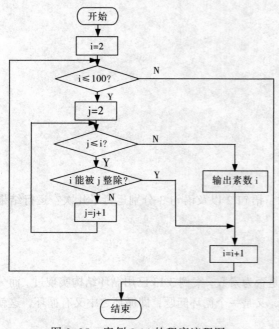

图 3-25　案例 3.14 的程序流程图

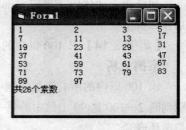

图 3-26　案例 3.14 的运行结果

案例归纳

① 循环嵌套中，每一重循环的语句 For 与 Next 以及 Do 与 Loop 要正确对应，不能交叉，且每一重循环变量要加以区分。例如，本例外重循环变量为 i，内重循环变量为 j，不可混用。

② 注意每条语句的正确位置。例如，本例代码中，Print 语句若与其上一条语句 Next j 调换，置于内循环体中，则运行结果完全不同。

③ 若外重循环次数为 n，内重循环次数为 m，则内层语句执行总次数为 m×n 次，所以外（内）重循环次数每增加一次，总执行次数增加 m（n）次。

3.2.3 循环应用实例

通过本节的学习掌握每种方法中案例的特点,会用所给方法解决同类问题。

1. 枚举

枚举法(穷举法)是指用给定的约束条件在指定范围内逐一试探,找出满足条件的解集的方法。解题的基本思路如下:

① 确定枚举对象、枚举范围和判定条件。

② 一一枚举可能的解,并验证是否是问题的解。

【案例 3.15】韩信点兵问题:韩信点一队 1000 人以内的士兵人数,3 人一组余 2 人,5 人一组余 3 人,7 人一组余 4 人。这队士兵可能是多少人?

案例分析

枚举对象:士兵的数量;枚举范围:1~1 000;判定条件:3 人一组余 2 人,5 人一组余 3 人,7 人一组余 4 人。

案例设计

程序流程图及 N-S 图如图 3-27 所示。

案例实现

代码如下:

```
Private Sub Form_Click()                         '千人内韩信点兵问题
  Dim i as Integer
  Print "可能人数: "
  For i=1 To 999                                 '枚举范围
    If i Mod 3=2 And i Mod 5=3 And i Mod 7=4 Then '判定条件
      Print i
    End If
  Next i
End Sub
```

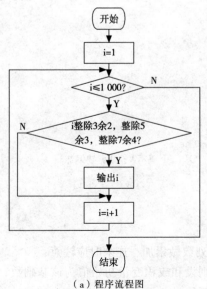
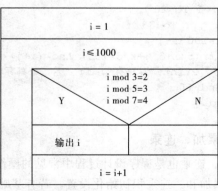

(a)程序流程图　　　　　　　　　　(b)N-S 图

图 3-27　案例 3.15 的程序流程图和 N-S 图

运行结果如图3-28所示。

案例归纳

枚举法算法简单,但效率不高,对指定范围内所有数据需一一试探,如本案例循环次数为1 000次。所以,设计程序时注意充分利用现有的条件,尽量缩小枚举范围,提高程序效率。

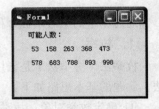

图3-28 案例3.15的运行结果

例如,百元百鸡问题:

母鸡5元一只,公鸡3元一只,小鸡1元3只,现用100元钱买100只鸡,有多少种购鸡方案?

分析:枚举对象,母鸡、公鸡、小鸡的数量;枚举范围,0~100只;判定条件,母鸡5元一只,公鸡3元一只,小鸡1元3只。

下面给出3种代码段,请读者分析比较。

(1)代码一
```
For i=0 To 100
  For j=0 To 100
    For k=0 To 100
      If(5*i+3*j+k/3=100) And (i+j+k=100) Then
        Print "母鸡有"; i; "只,公鸡有"; j; "只,小鸡有"; k; "只"
      End If
    Next k
  Next j
Next i
```

(2)代码二
```
For i=1 To 20
  For j=1 To 33
    For k=1 To 100
      If(5*i+3*j+k/3=100) And (i+j+k=100) Then
        Print "母鸡有"; i; "只,公鸡有"; j; "只,小鸡有"; k; "只"
      End If
    Next k
  Next j
Next i
```

(3)代码三
```
For i=1 To 20
  For j=1 To 33
    k=100-i-j
    If (5*i+3*j+k/3=100) And (i+j+k=100) Then
      Print "母鸡有"; i; "只,公鸡有"; j; "只,小鸡有"; k; "只"
    End If
  Next j
Next i
```

2. 累加、连乘

累加、连乘也是程序设计过程中常见的操作。系列数做累加、连乘时应注意:

① 累加和、连乘积初始化设置。若有基础数,则设和或积变量初始值为该基础数,否则初始化和为0,初始化乘积为1。

② 每次循环加数或乘数的更新。
③ 累加或连乘次数的设置。

【案例 3.16】求 $1+\dfrac{1}{1\times 2}+\dfrac{1}{1\times 2\times 3}+\cdots+\dfrac{1}{n!}+\cdots$。

案例分析

本案例是累加与连乘的综合应用，整体是累加问题，而每一项的计算涉及连乘。

案例设计

这样的问题需要用到循环嵌套结构。外重循环实现累加求和，将每一项的值 b 加到 n 中，循环次数可由问题的精度来控制，如当 b≤0.000 001 时结束运算，所以用 Do 语句来控制。每次的加数 b 的计算又是 n 个数的连乘，n 值已知，可用 For 语句控制。事实上在这个问题中，这样的循环嵌套可优化为单层循环的问题，因为第 n 次的加数 b_n 可由第 n-1 次的加数 b_{n-1} 计算得到。

案例实现

代码段如下：

```
j=1
n=0                               '和初始化
Do
  b=1                             '乘积初始化
  For i=1 To j
    b=b*i                         '连乘
  Next i
  b=1/b
  n=n+b                           '累加
  j=j+1
Loop While b>0.000001
Print n
```

代码优化：将代码做如下修改，请读者填出横线处缺少的语句并分析。

```
j=1
n=0
b=1
Do
  b=b*j                           '连乘
  a=1/b
  n=n+a                           '累加
  j=j+1
Loop While _____
Print n
```

3. 迭代

迭代也称递推，是一种不断用变量新值代替旧值直至求出最终解的方法，其中新值一般由旧值通过某一迭代公式计算得到。用迭代算法解决问题时，首先确保数据的变化遵循一定规律，其次应注意：

① 确定迭代变量初始值。进入迭代过程之前，先确定迭代变量及其初始值。
② 建立迭代关系式。所谓迭代关系式，指如何从变量的前一个值推出其下一个值的公式（或关系）。迭代关系式的建立是解决迭代问题的关键，通常可以使用递推或倒推的方法来完成。

③ 确定迭代范围。在什么时候结束迭代过程，这是编写迭代程序必须考虑的问题。不能让迭代过程无休止地重复执行下去。迭代过程的控制通常可分为两种情况：一种是所需的迭代次数是个确定的值，可以计算出来；另一种是所需的迭代次数无法确定。对于前一种情况，可以构建一个固定次数的循环来实现对迭代过程的控制（For）；对于后一种情况，需要进一步分析出用来结束迭代过程的条件（Do）。

【案例 3.17】棋盘麦粒问题：古代一位国王奖赏他的宰相，这位宰相拿出一个 8 行 8 列的棋盘说："陛下，请您在这张棋盘的第一个小格子内赏我一粒麦粒，第二个小格子内赏给两粒，第三格内赏四粒，照这样下去，每一个小格子内都比前一小格加两倍。把这样摆满棋盘上的 64 格的麦粒都赏给您的仆人吧！"。请计算国王最终奖赏给宰相的麦粒总数。

案例分析

麦粒在每个格子内的数量是上一格子数量的 2 倍，其变化是有规律的，可以考虑用迭代方法求解。

案例设计

若把麦粒数量作为迭代变量，则：

① 迭代变量初始值 $a_0=1$；
② 迭代公式 $a_n=2a_{n-1}$；
③ 迭代范围，棋盘的 64 个格子，迭代次数已知（1~64），可用 For 语句实现。

案例实现

代码如下：

```
Private Sub Form_click()            '棋盘麦粒问题
  Dim i As Integer, s As Double
  a=1
  For i=1 To 64
    s=s+a                           '累加求麦粒总和
    a=a*2                           '迭代公式
  Next i
  Print s
End Sub
```

运行结果为：

$1+2^1+2^2+2^3+2^4+\cdots+2^{63}=2^{64}-1=18\ 446\ 744\ 073\ 709\ 551\ 616$（粒）

这是一个庞大的天文数字。这么多的麦子，远远超过全国的总收成，而这些麦子是当时全世界两千年所生产的全部小麦总数。

迭代法还常用于求解方程或方程组的近似根。设方程为 $f(x)=0$，用某种数学方法导出等价的形式 $x=g(x)$，然后按以下步骤执行：

① 选一个方程的近似根，赋给变量 x_0。
② 将 x_0 的值保存于变量 x_1，然后计算 $g(x_1)$，并将结果存于变量 x_0。
③ 当 x_0 与 x_1 的差的绝对值还小于指定的精度要求时，重复步骤②的计算。

4．动态数据的输入与统计

动态输入的一系列数据，往往数据个数比较多，一一为其分配变量不现实，所以在接收数据的过程中应同步对其进行统计、分析等操作。

【案例 3.18】接收由用户输入的 10 门课程的成绩，求最高分、最低分及平均成绩。

案例分析

10 个数据可用一个变量存放，这就要求在输入的过程中逐一判断、分析并求和。

案例设计

① 求和：s=s+n。

② 判断最大值：变量 Max 中存放当前最大值，每输入一个数 n，与 Max 比较，若 n>Max，则 Max = n。

③ 判断最小值：变量 Min 中存放当前最小值，每输入一个数 n，与 Min 比较，若 n<Min，则 Min = n。

案例实现

代码如下：
```
Private Sub Form_Click()
  s=0
  Max=0
  Min=100
  For i=1 To 10
    a=Val(InputBox("请输入成绩:"))
    s=s+a                               '求总分
    If a>Max Then Max=a                 '判断最高分
    If a<Min Then Min=a                 '判断最低分
  Next i
  ave=s/10                              '求平均分
  Print "最高成绩为:"; Max
  Print "最低成绩为:"; Min
  Print "平均成绩为:"; ave
End Sub
```

案例归纳

① 求最大（小）值常用的方法：

- 将一个数列中较小（大）的值，或第一个数的值赋给比较变量 Max（Min）。
- 拿数列中每个数 n 与其做比较，若 n>Max（n<Min），则令 Max=n（Min=n）。
- 重复第二步直至所有数据比较完为止，Max（Min）即为所求最大（小）值。

② 通常采用数组与循环结合来解决动态数据的输入与统计这类问题。关于数组的知识在第 4 章有详细介绍。

5．二维表格（图形）打印

二维表格或二维图形的生成一般需要双重循环的嵌套，分别控制表格的行、列。调用对象的 Print 方法时，可用 Tab()函数和 Spc()函数控制打印内容的水平位置。例如，九九乘法表的打印、二维矩阵的打印、规则平面图形的打印等。

【案例 3.19】打印输出矩阵：$C=\begin{pmatrix} 2 & 3 & 4 & 5 \\ 3 & 4 & 5 & 6 \\ 4 & 5 & 6 & 7 \\ 5 & 6 & 7 & 8 \end{pmatrix}$。

案例分析

这是一个 4×4 的二维矩阵，第一行元素值为 1+1，1+2，1+3，1+4，第二行元素值为 2+1，2+2…，即第 i 行第 j 列元素值为 i+j。

案例设计

因为元素值的变化是有规律的，可以采用循环结构实现。对于这样的二维矩阵，可用循环变量分别是 i 和 j 的双重循环实现。

案例实现

代码如下：

```
Private Sub Form_Click()
  Dim i%, j%, a%
  For i=1 To 4                    '外重循环
    For j=1 To 4                  '内重循环
      a=i+j
      Print a;
    Next j
    Print                         '换行
  Next i
End Sub
```

案例归纳

二维表格（包括二维矩阵）及二维图形的生成通常也可用二维数组表示。

以上介绍了程序中常用的一些方法及其解决思路，具体应用过程中，读者应通过分析能够举一反三，融会贯通。

经验交流

编程初学者应养成良好的程序设计风格。

① 规范性：包括设计过程规范性和代码格式规范性。设计过程应遵循分析、设计、实现的步骤。书写代码严格按照 Visual Basic 语言词法、语法等要求，否则程序无法正常启动运行。

② 可读性：提高程序可读性可通过设置人为缩进、适当添加注释语句等良好的编程习惯来实现。另外，设计时要尽量避免晦涩难懂的程序结构。

③ 高效性：算法设计还应考虑其运行效率，在循环结构设计中这一点尤为重要。

习 题

一、简答题

1. 算法常用的描述工具有哪些？
2. 概括所学过的数据输入/输出的方式。
3. 结构化程序设计中包括哪些基本程序结构？
4. 简述单分支、双分支、多分支与分支嵌套各自的结构特点。
5. 循环语句中 For 语句与 Do Loop 语句有什么区别？

二、选择题

1. 应用程序向用户提示消息，并且需要根据用户在消息框选择的按钮做出相应的操作时，应使用（　　）。
   A. MsgBox()函数　　　B. MsgBox 过程　　　C. InputBox()函数　　　D. InputBox 过程

2. 为问题设计一个解决方案及具体解决步骤，属于（　　）过程。
   A. 问题分析　　　B. 算法设计　　　C. 问题实现　　　D. 归纳分析

3. 程序流程图中逻辑条件的判断一般用（　　）来表示。
   A. 圆角矩形　　　B. 矩形　　　C. 菱形　　　D. 平行四边形

4. 应用程序中用到一个变量，其变化范围为 1～10 000，则该变量类型应定义为（　　）。
   A. 字节型　　　B. 整型　　　C. 长整型　　　D. 单精度型

5. 下列关于变量的说法错误的是（　　）。
   A. Public 为非法变量名　　　B. A 与 a 是两个不同的变量
   C. 变量名必须以字母或汉字打头　　　D. 变量名在变量的有效范围内必须是唯一的

三、填空题

1. 在通用代码段，用关键词 Public 定义的变量叫_____变量，用 Dim 声明的变量叫_____变量，在事件过程或用户自定义过程内定义的变量叫_____变量。

2. 表达式 $\dfrac{-b+\sqrt{b^2-4ac}}{2a}$ 用 Visual Basic 语言书写为_____。

3. 表达式 5 <> 4 And 4 > 7 - 5 运算结果为_____。

4. Visual Basic 语言中提供了两个人机交互函数 MsgBox()与 InputBox()函数，其中由应用程序向用户输出信息时应使用_____函数，用户向应用程序输入信息时应使用_____函数。

5. 写出下列程序段运行结果。

   （1）
   ```
   Dim x As Integer
   x=5 And True
   Print x;
   x=5 And False
   Print x
   ```
   运行结果为_____。

   （2）
   ```
   Dim x As Boolean
   x=5 And True
   Print x;
   x=5 And False
   Print x
   ```
   运行结果为_____。

6. Visual Basic 执行下列代码段后窗体打印内容为_____。
   ```
   x=5
   If x>0 Then x=x-10
   If x<=0 Then x=x+10
   Print x
   ```

7. 下列代码段运行一次结束后，窗体上打印内容为_____。
   ```
   a=5
   If a Then
      Print "yes"
   Else
      Print "no"
   End If
   ```

8. 补充程序，使程序运行后 x、y 中较大数存于 max 变量中。
   ```
   If x>y Then
   ```

```
        _____
    Else
        _____
    End If
```

9. 已知代码段

    （1）
    ```
    For i=1 To 10 Step -1
        s=s+i
    Next i
    ```
    （2）
    ```
    For i=1 To 10
        s=s+i
    Next i
    ```

    分别分析两段代码。执行完后循环体，语句执行（1）_____次，执行（2）_____次，退出循环后，循环变量的值为（1）_____（2）_____。

10. 执行下列代码段后，变量 x、i、j 的值分别是_____、_____、_____。
    ```
    x=0
    For i=1 To 5
      For j=1 To i
        x=x+1
      Next j
    Next i
    ```

四、编程题

1. 设计程序，实现年龄段的划分：低于 18 岁为"少年"，18～44 岁为"青年"，45～59 岁为"中年"，59 岁以上为"老年"。

2. 求 1～100 之间所有偶数之和。

3. 求 1～100 之间所有能被 7 整除的数。

4. 求所有的水仙花数。水仙花数是一个三位数 s，且其个位数字 a、十位数字 b 和百位数字 c 之间满足条件：$a^3 + b^3 + c^3 = s$。

5. 随机生成 20 个两位数，统计大于 50 的数字的个数。

第4章 数组

本章讲解
- 数组的概念。
- 数组的声明及引用。
- 数组的基本操作。
- 控件数组的定义和使用。
- 自定义数据类型。

程序处理的对象是数据,这些数据通常不仅是一个,而是批量数据。一个变量只能存储一个数据,要存储批量数据,就需要声明许多变量。在 Visual Basic 中,提供了一种专门用来存放批量数据的数据类型——数组,它将相同数据类型的数据组织在一起,用一个统一的数组名来表示,每个元素用下标区分。按照下标的个数,数组可分为一维数组和多维数组。读者要重点掌握数组的声明、引用及其操作。

本章首先通过演示一个实例,使读者对使用数组和不使用数组的区别有一个感性认识。

4.1 数组应用实例

当处理的问题涉及一批数据时,比如某班学生的成绩、举办各种比赛时的评委打分,都需要求出平均分、最高分与最低分等。如果使用多个变量来存放这些数据,会加大程序的复杂度和编写工作,可否只用一个变量来存放这批数据?在 Visual Basic 中可以通过数组来解决这一问题。

通过对案例 4.1 求解时使用循环结构和单变量所存在的不足,进而引入数组,使读者掌握数组的概念、声明和使用。

【案例 4.1】 已知某初一(2)班共有 5 名学生,计算全班学生数学成绩的平均值,然后求出数学成绩的最高分、最低分和高于平均分的人数。

案例分析

在接触数组之前,碰到类似这种问题,可以使用前面学过的简单变量和循环结构来解决此问题。根据题意,需设置一个变量 mark 来存放学生的成绩,通过循环、累加求和,最后求出平均分;然后,设置第二个循环结构,在循环体中进行比较,得出最高分、最低分,并统计出高于平均分的人数。如果使用数组,将简化程序的编写和输入数据的工作量,并提高统计结果的正确性。

案例设计

求平均值的程序流程图如图 4-1（a）所示，求最大值、最小值和高于平均分人数的程序流程图如图 4-1（b）所示。

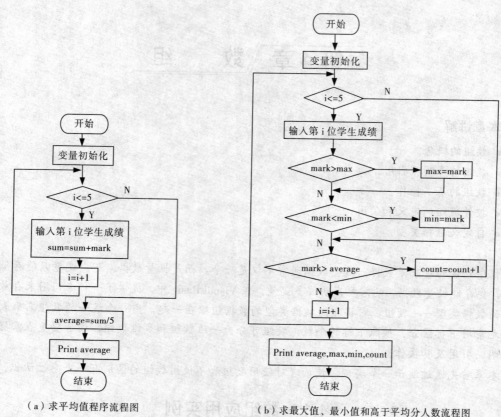

（a）求平均值程序流程图　　　　　（b）求最大值、最小值和高于平均分人数流程图

图 4-1　程序流程图

案例实现

使用循环结构和单变量 mark 实现求平均值和极值的代码段：

```
Private Sub Command1_Click()
  Dim mark As Integer, aver!, n%, i%
  Sum=0: Max=0: Min=100
  For i=1 To 5                        '本次循环求平均值
    mark=Val(InputBox("请输入第" & i & "位学生的成绩"))
    Picture1.Print "第" & i & "位学生的成绩；"; mark; ""
    Sum=Sum+mark
  Next i
  aver=Sum/5
  Picture1.Print "平均分:", aver
  n=0
  For i=1 To 5                        '本次循环求最高分、最低分、高于平均分的人数
    mark=Val(InputBox ("请输入第" & i & "位学生的成绩"))
    If mark>Max Then Max=mark
    If mark<Min Then Min=mark
```

```
    If mark>aver Then n=n+1
  Next i
  Picture1.Print "最高分:", Max
  Picture1.Print "最低分:", Min
  Picture1.Print "高于平均分的人数:", n
End Sub
```

在上面的求解过程中，存在以下两个问题：

① 学生的成绩保留在 mark 一个变量中，而且下一个学生成绩的输入将覆盖掉上一个学生的成绩，致使求高于平均分的人数时必须再输入一次所有学生的成绩，输入工作量将增加一倍。并且，如果第二次输入和第一次输入的数据不同，会导致成绩统计结果不正确。

② 如果不想第二次输入，必须声明 5 个简单变量，mark1，mark2，…，mark5，输入 5 个学生成绩时，将需要 5 个赋值语句，导致程序时空开销增大，编写工作量增加。

为了解决上面的问题，引入数组来进行求解。

用数组来解决 5 人数学成绩的存储，问题可以大大简单化。程序段如下：

```
Private Sub Command2_Click()
Dim mark(1 To 5) As Integer, aver!, n%, i%
  Sum=0: Max=0: Min=100
  For i=1 To 5                            '本次循环求平均值
    mark(i)=Val(InputBox ("请输入第" & i & "位学生的成绩"))
    Picture2.Print "第" & i & "位学生的成绩; ", mark(i)
    Sum=Sum+mark(i)
  Next i
  aver=Sum/5
  Picture2.Print "平均分:", aver
  n=0
  For i=1 To 5                            '本次循环求最高分、最低分、高于平均分的人数
    If mark(i)>aver Then n=n+1
    If mark(i)>Max Then Max=mark(i)
    If mark(i)<Min Then Min=mark(i)
  Next i
  Picture2.Print "高于平均分的人数:", n
  Picture2.Print "最高分:", Max
  Picture2.Print "最低分:", Min
End Sub
```

运行结果如图 4-2 所示。

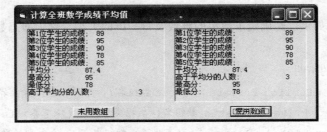

图 4-2 案例 4.1 的运行界面

案例归纳

在改进后的算法中，定义了一个可以存放 5 个学生的成绩数组变量 mark(1 to 5)，这就是数组，下面将进入数组介绍。

经验交流

当涉及批量数据处理时，可以考虑使用数组和循环结构来编写程序，不但可以简化程序的编写，提高程序的可读性，还可以确保计算结果的正确性。

4.2 数组的概念、声明及引用

4.2.1 数组的概念

通过上面的实例可以看出，数组并不是一种基本的数据类型，而是一组相同类型数据的集合，用一个统一的名字（数组名）来表示逻辑上相关的一批数据，每个元素用其下标变量来区分，下标代表元素在数组中的位置。在计算机中，数组占用一块连续的内存区域，数组名是这个区域的名称，区域中的每个单元用数组下标来表示自己在数组中的位置，根据元素的个数和数组元素的数据类型来分配相应的内存单元。例如，学生学号数组 Studno(1 to 10) As Integer，成绩数组 Mark(1 to 50) As Integer。

说明：

① 数组是一组相同类型的数据元素的集合。

② 数组中的各个元素有先后顺序，它们在内存中按排列顺序连续存储。

③ 所有的数组元素用一个统一的名字（数组名）代表逻辑上相关的一批数据，每个元素用下标变量来区分，下标代表元素在数组中的位置。

④ 使用数组时，必须先"声明"后"使用"。"声明"就是对数组名、数组元素的数据类型、数组的维数和大小进行定义。

Visual Basic 中的数组，按不同的含义可分为以下几大类：
- 按数组的大小（元素个数）是否可以改变可分为：静态数组、动态（可变长）数组。
- 按元素的数据类型可分为：数值型数组、字符串数组、日期型数组、变体型数组等。
- 按数组的维数可分为：一维数组、二维数组、多维数组。
- 按数组所使用的对象可分为：菜单对象数组、控件数组、变量数组。

4.2.2 静态数组的声明及引用

在声明数组时，如果已经确定了数组的维数及每一维的大小，称为静态数组。

1. 一维数组

（1）一维数组的声明

声明形式：Dim | Public| Private| Static 数组名([<下界> to]<上界>) [As<数据类型>]

或 Dim | Public| Private| Static 数组名[<数据类型符>]([<下界> to]<上界>)

例如：Dim a(1 to 10) As Integer   '声明了 a 数组中有 10 个整型的数据元素

与上面声明语句等价形式是：Dim a%(1 to 10)

说明：

① 数组名的命名规则与变量的命名规则相同。

② 省略<下界>时，下界为 0，若希望下界从 1 开始，可在模块的通用部分使用 Option Base 语句将下界设为 1。其使用格式是：Option Base 0|1，后面的参数只能取 0 或 1。例如：

Option Base 1   '数组声明中缺省<下界>时将下界设为 1

③ 数组元素的总个数（上界-下界+1），而数组的全部元素个数，是每一维元素个数与维数的乘积。

④ 声明语句中的<下界>和<上界>不能使用变量，必须是常量，常量可以是直接常量、符号常量，一般是整型常量。

⑤ 如果省略 As 子句，则数组的类型为变体类型。

⑥ 数组的维数由下标的个数决定，下标的个数最多可以为 60 个。

⑦ 数组中的各个元素在内存中占据一片连续的存储空间，一维数组在内存中存放的顺序是按照下标从小到大的顺序，如图 4-3 所示。

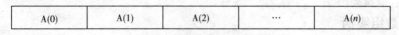

图 4-3 数组元素的存放

⑧ Public 用于建立全局数组，在模块的通用段声明；Private 和 Dim 都可以用来建立模块级数组或者局部数组；Static 用来建立静态局部数组，只能用在事件过程中定义。

（2）一维数组的引用

引用形式：数组名(下标)

其中，下标可以是整型变量、常量或表达式。

例如：定义 A(10)As Integer、B(10) As Integer 两个数组，则下面的语句都是正确的。

A(1)=A(2)+B(1)+5   '取数组元素运算
A(i)=B(i)   '下标使用变量
B(i+1)=A(i+2)   '下标使用表达式

注意：数组必须先"声明"后"引用"，引用时下标不能越界，即下标不能比下界还小，比上界还大。

2．多维数组

多维数组主要以二维数组为例。

（1）二维数组的声明

声明形式：

Dim 数组名([<下界> to]<上界>,[<下界> to]<上界>) [As <数据类型>]

其中，参数定义与一维数组完全相同。例如：

Dim a(2,3) As Single

说明：二维数组在内存中的存放顺序是"先行后列"。

例如，数组 a(2,3)的各元素在内存中的存放顺序是：

a(0,0)→a(0,1)→a(0,2)→a(0,3)→a(1,0)→a(1,1)→a(1,2)→a(1,3)→a(2,0)→a(2,1)→a(2,2)→a(2,3)

（2）二维数组的引用

引用形式：数组名(下标1,下标2)

例如：a(1,2)=10

a(i+2,j)=a(2,3)*2

在程序中常常通过二重循环来控制二维数组的各个元素。例如：

```
For i=1 to 10
  For j=1 to 10
    A(i, j)=InputBox("请输入数据")
  Next j
Next i
```

3．多维数组的声明和引用

声明形式：

Dim 数组名([<下界> to]<上界>,[<下界> to]<上界>,…) [As <数据类型>]

例如：Dim a(5,5,5) As Integer   '声明a是三维数组   Dim b(2,6,10,5) As Integer   '声明b是四维数组

引用形式：数组名(下标1,下标2,…, 下标n)

4．多维数组实例

多维数组与二维表格的形式相对应，例如：

设某个班共有 60 个学生，期末考试 5 门课程，请编写程序评定出学生的奖学金，要求输出一、二等奖学金学生的学号和各门课成绩。奖学金评定标准是：总成绩超过全班平均成绩 20%的发给一等奖学金，超过全班平均总成绩 10%的发给二等奖学金。

可以声明成绩数组 stumark(1 to 60,1 to 5)，第一维赋值为学生学号，第二维赋值为学生的五门课成绩，学生可以课后自行完成。

5．静态数组应用实例

【案例 4.2】求数组 a(1 to 10)的各元素之和。

案例分析

根据题意，要求计算 10 个数据之和，所以必须声明一个具有 10 个元素的静态数组来存放 10 个数据，通过循环程序进行累加求和。

案例设计

程序流程图如图 4-4 所示。

案例实现

Form_Click()事件中求数组各元素之和的代码段如下：

```
Private Sub Form_Click()
  Dim a(1 To 10) As Integer, i%, sum%
  sum=0                        'sum 初始化
  For i=1 To 10
    a(i)=Val(InputBox("请输入数据"))
    sum=sum+a(i)
    Print a(i);
  Next i
  Print
```

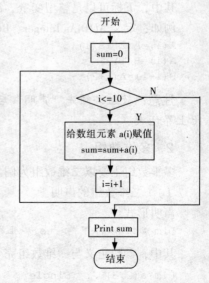

图 4-4 案例 4.2 的程序流程图

```
        Print "数组a(1 to 10)的各元素之和 sum="; sum
    End Sub
```
运行结果如图4-5所示。

经验交流

① 读者在学习数组时，常把数组名和数组元素混淆，在程序中要正确地加以区分。

② 静态数组声明时默认下界为0，否则，需要写明具体下界值。

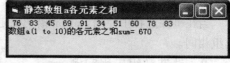

图4-5 案例4.2的运行界面

③ 数值类型数组在使用前，如果没有进行初始化赋值，则每个元素的值为0。

4.2.3 动态数组的声明及其引用

动态数组指的是在声明时未给出数组的维数及其大小。动态数组和静态数组的区别是：静态数组是在程序编译时分配存储空间，而动态数组是在程序执行时分配存储空间。

1．动态数组的声明

建立动态数组包括声明和大小说明两步：

① 在使用Dim、Private或Public语句声明时括号内为空。

格式：Dim|Private|Public|Static 数组名()As 数据类型

例如：Dim a() As Integer

② 在事件过程中用ReDim语句指明该数组的大小。

格式：ReDim [Preserve] 数组名(下标1[,下标2…])

Preserve参数是可选项，用来保留数组中原来的数据。例如：

```
    ReDim A(10)
    ReDim Preserve A(20)
```

说明：

① ReDim语句是一个可执行语句，只能出现在事件过程中，并且可以多次使用，来改变数组的维数和大小。

② 定长数组声明时其下标只能是常量，而动态数组ReDim语句中的下标可以是常量，也可以是有了确定值的变量。例如：

```
Private Sub Form_Click()
  Dim N As Integer
  N=Val(InputBox ("输入N="))
  Dim a(N) As Integer            '错误定义
    …
End Sub
```

③ 在过程中可以多次使用ReDim来改变数组的大小，也可改变数组的维数。例如：

```
ReDim x(10)
ReDim x(20)
x(20)=30
Print x(20)
ReDim x(20, 5)
x(20,5)=10
Print x(20,5)
```

④ 每次使用 ReDim 语句都会使原来数组中值丢失,可以在 ReDim 后加 Preserve 参数来保留数组中的数据,但此时只能改变数组最后一维的大小。

2. 动态数组的引用

当在事件过程中使用 ReDim 语句确定了数组的维数和大小之后,动态数组的引用方法与一维数组相同。

3. 动态数组应用实例

【案例 4.3】输入一串整型数据,对输入的数据做奇偶判断,并在窗体上分奇偶两类输出;当输入-1 时,结束判断。

案例分析

根据题意,要存放两类数据,即奇数数据和偶数数据,事先不知道两类数据的个数,所以可以先定义两个可变数组 a()、b(),分别用来存放奇数数据和偶数数据,对于每次输入的数据经奇偶判断之后,可重新定义两个数组的大小。为了保留数组中原来的数据,可以使用 Preserve 参数。对于数据的奇偶判断,只要对数据进行 Mod 运算,根据余数是否为 0 和 1 分为两类。

案例设计

判断数据奇偶的程序流程图如图 4-6 所示。

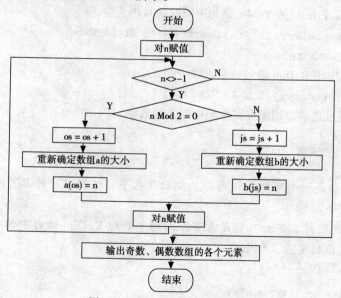

图 4-6 案例 4.3 的程序流程图

案例实现

在 Form_Click()事件中判断数据奇偶的代码段:

```
Option Explicit                              '通用声明段,强制声明变量
Private Sub Form_Click()
    Dim a() As Integer, b() As Integer       '声明两个可变数组
    Dim os%, js%, n%, i%                     'os 为偶数的个数,js 为奇数的个数
    n=Val(InputBox ("输入一个数据,当输入-1 时结束"))
    Do While n<>-1                           '当输入-1 时结束
    If n Mod 2=0 Then                        '判断是不是偶数
        os=os+1                              '偶数个数加 1
```

```
        ReDim Preserve a(os)           '重新定义数组 a 的大小,并保留原来的值
        a(os)=n                        '把数据赋值给数组 a 的最后一个元素
    Else
        js=js+1                        '奇数个数加 1
        ReDim Preserve b(js)           '重新定义数组 b 的大小,并保留原来的值
        b(js)=n                        '把数据赋值给数组 b 的最后一个元素
    End If
    n=Val(InputBox ("输入一个,输入-1 结束"))
Loop
Print "输入的偶数有: "
For i=1 To os
   Print a(i); Spc(2);
   If i Mod 5=0 Then Print            '输出 5 个数据后换行
Next i
Print
Print "输入的奇数有: "
For i=1 To js
   Print b(i); Spc(2);
   If i Mod 5=0 Then Print
Next i
End Sub
```
运行结果如图 4-7 所示。

经验交流

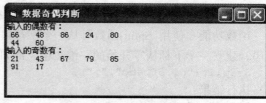

图 4-7 案例 4.3 的运行界面

静态数组定义时必须知道其包含元素的个数,下标是常量;而动态数组定义时数组名后面的括号不能省略,可以重新声明数组大小,下标是常量或者是有了确定值的变量,可以使用 Preserve 参数保留数组中原来数据元素的值。

4.3 数组的基本操作

4.3.1 数组相关函数

在对数组操作中,经常要通过循环结构对数组的各个元素进行赋值,或者进行某种运算,常用到以下几个函数。

1. Array()函数

函数格式:Array(<常数列表>)

函数功能:使用 Array()函数可以方便地对一维数组整体赋值,但它只能给声明为 Variant 的变量或仅由括号括起来的动态数组赋值。赋值后的数组大小由被赋值的元素个数决定。声明数组时数组名可以直接给出,也可以带上括号。

例如:要将 1、2、3、4、5、6、7 这些值赋值给数组 A,可使用下面的方法赋值。
```
Dim A()
A=Array(1,2,3,4,5,6,7)
Dim A
A=Array(1,2,3,4,5,6,7)
```

2. 求数组的上界函数 Ubound()、数组的下界函数 Lbound()

函数格式:
UBound (<数组名>[, <N>])

```
LBound (<数组名>[, <N>])
```

函数功能：Ubound( )函数和 Lbound( )函数分别用来确定数组某一维的上界和下界值。

说明：

<数组名>：必需项，数组变量的名称，遵循标准变量命名约定。<N>：可选的，一般是整型常量或变量，指定返回哪一维的上界。1 表示第一维，2 表示第二维，依此类推。如果省略，默认是 1。例如：

```
Dim A(),i%
A=Array(1,2,3,4,5,6,7)
For i=Lbound(a) to Ubound(a)
  Print a(i)
Next i
```

3．Split()函数

使用格式：`Split(<字符串表达式> [,<分隔符>])`

函数功能：使用 Split()函数可从一个字符串中，以某个指定符号为分隔符，分离若干个子字符串，建立一个下标从零开始的一维数组。例如：

```
S=Split("ni,56,abc",",")
```

执行结果：

```
S(0)="ni"
S(1)="56"
S(2)="abc"
```

4．Join()函数

使用格式：`Join(<数组名>[,<分隔符>])`

函数功能：将一维数组中的各个元素按照分隔符合并成一个字符串。例如：

```
A=Array("ni","56","abc")
S=Join(A, "")
```

执行结果：

```
S="ni56abc"
```

4.3.2 数组元素赋初值

1．通过循环结构给数组赋初值

```
For i=1 To 10          'a 数组的每个元素赋值为 1
  a(i)=1
Next i
```

2．通过 Array()函数给数组赋初值

```
Dim a(),i%
a=Array(1,2,3,4,5,6,7)    'Array 函数只能对动态的变体型数组赋值
```

3．通过文本框控件或者 InputBox()函数来给数组赋初值

```
For i=1 To 4
  For j=1 To 5
    a(i, j)= InputBox("输入 sc(" & i & "," & j & ")的值")
    '或者 a(i, j)=Val(Text1)
  Next j
Next i
```

4.3.3 数组的输出

通过循环程序实现数组元素的输出，可以把元素输出在窗体等其他控件上。
输出下三角九九乘法表的程序段：

```
Option Base 1                          '通用声明段，设置数组下界为1
Private Sub Form_click()
   Dim sc(9, 9) As Integer, i%, j%
   For i=1 To 9
     For j=1 To i
       sc(i,j)=i*j
       Print i; "*"; j; "="; sc(i, j);
     Next j
     Print                             '换行
   Next i
End Sub
```

下三角九九乘法表的运行结果如图 4-8 所示。

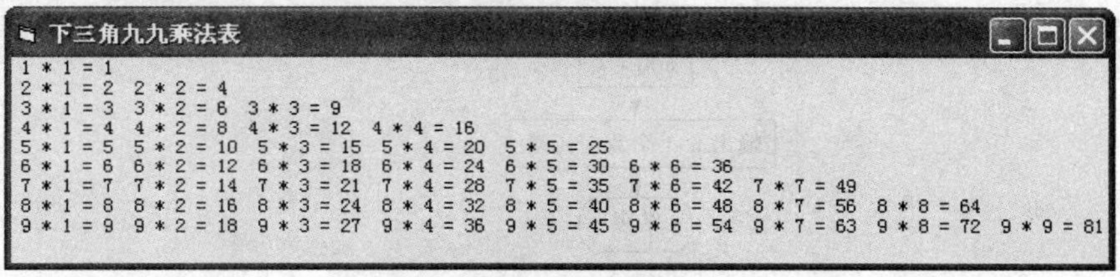

图 4-8 下三角九九乘法表

思考：
如何输出上三角九九乘法表？

4.3.4 数组元素的插入

数组中元素的插入和删除一般是在已经排好序的数组中插入或删除一个元素，使得插入或删除该元素后数组还是有序的。这两个问题涉及在数组中查找某个元素及获取这个元素所处位置的下标值。

【案例 4.4】假定数组 a(1 to 10)为升序的有序数组，在相应位置处插入一个元素，元素值通过文本框输入，使得插入后的数组元素仍为升序。

案例分析

要实现在有序数组中插入一个数，需经过以下几步完成：
① 查找所插入的数据在有序数组中的位置 k。
② 重新定义数组的大小，使数组增加一个元素。
③ 首先把最后一个元素往后移动一个位置，再依次把前面元素往后移一位，直到把第 k 个元素及其后面所有元素移动完毕，这样第 k 个元素位置腾出。
④ 最后把数据插入到第 k 个位置。

案例设计

在升序数组中插入一个元素的程序流程图如图 4-9 所示。

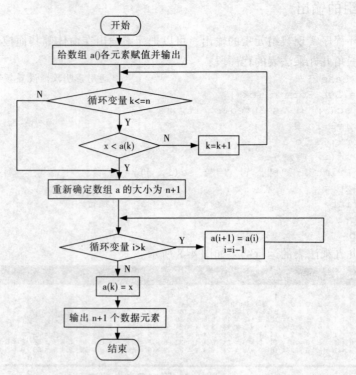

图 4-9 案例 4.4 程序流程图

案例实现

在升序数组中插入一个元素的代码段：

```
Private Sub Command1_Click()
   Dim a(), i%, k%, x%, n%
   a=Array(-12, 3, 7, 23, 45, 78, 89, 90, 100, 145)
   n=UBound(a)                          '获取数组 a 的上界
   x=Val(Text1)
   For i=0 To n
      Picture1.Print a(i);
   Next i
   For k=0 To n                         '获取插入元素 x 在数组中的下标 k
      If x<a(k) Then                    '当 x<a(k) 时，找到下标 k，退出循环
         Exit For
      End If
   Next k
   ReDim Preserve a(n+1)                '重新确定数组 a 的大小为 n+1
   For i=n To k Step-1                  '使数组 a 中的 k 到 n 的元素依次后移一个位置
      a(i+1)=a(i)
   Next i
   a(k)=x                               '插入 x
   For i=0 To n+1
      Picture2.Print a(i);
```

        Next i
    End Sub
运行结果如图 4-10 所示。

图 4-10 案例 4.4 的运行界面

思考:
在降序数组中如何插入一个元素？

4.3.5 数组元素的删除

删除操作，首先在数组中查找欲删除元素的下标 k，然后从下标 k+1 到 n 依次向前移动一个位置，最后将数组元素个数减 1。

【**案例 4.5**】假定数组 a(1 to 10)为升序的有序数组，在相应位置处删除一个元素，元素值通过文本框输入。

案例分析
要实现在有序数组中删除一个元素，需要经过以下几步来完成：
① 查找所删除数据在有序数组中的位置 k。
② 把从 k+1 到 n 位置的元素分别向前移动一个位置。
③ 重新定义数组的大小，使数组减少一个元素。

案例设计
程序流程图请读者根据案例分析自行完成。

案例实现
在升序数组中删除一个元素的代码段：
```
Private Sub Command1_Click()
    Dim a(), i%, k%, x%, n%
    a=Array(-12, 3, 7, 23, 45, 78, 89, 90, 100, 145)
    n=UBound(a)                    '获取数组 a 的上界
    x=Val(Text1)
    For i=0 To n                   '输出删除前的数据元素
        Picture1.Print a(i);
    Next i
    For k=0 To n                   '查找欲删除元素 x 的下标
        If x=a(k) Then             '当 x=a(k)时，找到下标 k，退出循环
            Exit For
        End If
    Next k
    If k>n Then                    '当 k>n 时，在数组中没找到数据 x，退出事件过程
        MsgBox ("找不到此数据")
```

```
        Exit Sub
    End If
    For i=k+1 To n              '当 k<=n 时，把 k+1 到 n 的数组元素依次前移一个位置
        a(i-1)=a(i)
    Next i
    n=n-1                       '数组元素个数减 1
    ReDim Preserve a(n)         '重新确定数组 a 的大小
    For i=0 To n                '输出删除后的数据元素
        Picture2.Print a(i);
    Next i
End Sub
```

运行结果如图 4-11 所示。

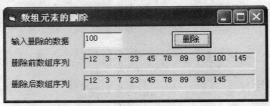

图 4-11 案例 4.5 的运行界面

思考：
在降序数组中如何删除一个元素？

4.3.6 数组排序

【**案例 4.6**】任给一个数组，数组中的元素是无序排列，要求把数组中的元素按升序（或者降序）进行排列。

对于任意一个无序数组，通常可以采用选择法、冒泡法和插入法进行排序，使数组中的元素呈升序或者降序排列。本题给出选择法与冒泡法的解决方案，插入排序法请读者查阅相关参考资料学习。

案例分析 I

采用选择法排序：

① 对有 n 个数的序列（存放在数组 a(n)中，下界为 1），从中选出最小（升序）或最大（降序）的数，与第 1 个数交换位置。

② 除第 1 个数外，从其余 n-1 个数中选出最小或最大的数，与第 2 个数交换位置。

③ 依此类推，选择了 n-1 次后，这个数列已按升序或者降序排列。

案例设计 I

程序流程图请读者根据案例分析自行完成。

案例实现 I

选择法升序排列的程序段：

```
Option Base 1                   '通用声明段，设置数组下界为 1
Private Sub Command1_Click()
    Dim a%(10), i%, j%, p%, temp%
    For i=1 To 10               '对数组元素赋值并输出
        a(i)=Val(InputBox ("请输入数据"))
```

```
      Picture1.Print a(i);
   Next i
   For i=1 To 9                  '通过内外循环嵌套实现数组升序排列
     p=i                         '每次外循环开始假定下标为i的元素最小，把i赋值给p
     For j=i+1 To 10             '内循环用把i+1到10的元素依次和p的元素比较
       If a(p)>a(j)  Then p=j    '选择较小的数，如果有，把小数下标j赋值给p
     Next j
       temp=a(i)                 '把找到的小数a(p)与a(i)互换
       a(i)=a(p)
       a(p)=temp
   Next i
   For i = 1 To 10
     Picture2.Print a(i);
   Next i
End Sub
```
运行结果如图4-12所示。

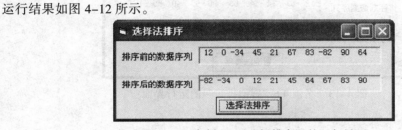

图4-12 案例4.6"选择排序"的运行界面

思考：
请读者使用选择法排序自行完成降序排列的程序段。

案例分析Ⅱ
采用冒泡法排序（递增），将相邻两个数比较，小的调到前头：

① 有n个数（存放在数组a(n)中，下界为1），第一趟将每相邻两个数比较，小的调到前头，经n-1次两两相邻比较后，最大的数已"沉底"，放在最后一个位置，小数上升"浮起"。

② 第二趟对余下的n-1个数（最大的数已"沉底"）按上法比较，经n-2次两两相邻比较后得到次大的数。

③ 依此类推，n个数共进行n-1趟比较，在第j趟中要进行n-j次两两比较。

案例设计Ⅱ
程序流程图请读者根据案例分析自行完成。

案例实现Ⅱ
冒泡法升序排序的程序段：
```
Option Base 1                         '通用声明段，设置数组下界为1
Private Sub Command1_Click()
   Dim a%(10), i%, j%, p%, temp%
   For i=1 To 10                      '输入数组元素并输出
     a(i)=Val(InputBox("请输入数据"))
     Picture1.Print a(i);
   Next i
   For i=1 To 9                       '外循环9趟，每趟找出一个最大数沉底
```

```
       For j=1 To 10-i
         If a(j)>a(j+1) Then                '内循环实现相邻两数的比较,小数向前浮起
            temp=a(j)
            a(j)=a(j+1)
            a(j+1)=temp
         End If
       Next j
     Next i
     For i=1 To 10                           '输出排序后的数组元素
       Picture2.Print a(i);
     Next i
End Sub
```
运行结果如图 4-13 所示。

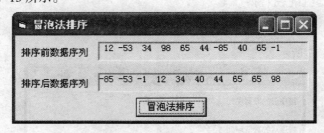

图 4-13 案例 4.6 "冒泡排序"的运行界面

思考：
请读者使用冒泡法自行完成降序排列的程序段。

经验交流
① 对数组元素进行初始化赋值，常使用 Array() 函数或通过循环在程序中赋值。
② 调试程序时常使用 Print 语句查看数组元素的值，以确定程序是否正确执行。
③ 对数组的操作常用到循环、循环嵌套，一般情况下用循环变量作为数组下标。

4.3.7 数组综合应用实例

1．分类统计

分类统计是现实生活中经常遇到的问题，是将一批数据按分类的条件统计每一类中所含的个数。

【案例 4.7】 将学生成绩按优、良、中、及格、不及格分成五类，并统计每类的人数。要求分别统计 0～59、60～69、70～79、80～89、90～100 分数段的学生人数。

案例分析
定义两个数组 mark(10) 和 a(5)，下界为 1，用 mark 来存放学生的成绩，用 a(1) 存放 0～59 分的人数，用 a(2) 存放 60～69 分的人数，用 a(3) 存放 70～79 分的人数，用 a(4) 存放 80～89 分的人数，用 a(5) 存放 90～100 分的人数。

案例设计
程序流程图请读者根据案例分析自行完成。

案例实现

学生成绩分类统计的代码段:
```
Private Sub Command1_Click()
   Dim mark%(1 To 10), a%(1 To 5), i%
   For i=1 To 10
      mark(i)=Val(InputBox("请输入学生成绩"))     '输入学生成绩,分段统计
      If 90<=mark(i) And mark(i)<=100 Then
         a(5)=a(5)+1
      End If
      If 80<=mark(i) And mark(i)<=89 Then
         a(4)=a(4)+1
      End If
      If 70<=mark(i) And mark(i)<=79 Then
         a(3)=a(3)+1
      End If
      If 60<=mark(i) And mark(i)<=69 Then
         a(2)=a(2)+1
      End If
      If mark(i)<=59 Then
         a(1)=a(1)+1
      End If
   Next i
   Picture1.Print a(1);
   Picture2.Print a(2);
   Picture3.Print a(3);
   Picture4.Print a(4);
   Picture5.Print a(5);
End Sub
```
运行结果如图 4-14 所示。

图 4-14 案例 4.7 的运行界面

思考:

如果把程序中的 If 语句改为 Case 语句,如何实现?

【案例 4.8】 从键盘输入一串混合字符,将字符分成数字字符、英文字符和其他字符三类,统计每类字符的个数。

案例分析

定义一个具有 3 个元素的数组 a(1 to 3),分别用 a(1)来存放英文字符的个数,用 a(2)来存放数字字符的个数,用 a(3)来存放其他字符的个数;使用 Len()函数求出字符串的长度,然后在 For 循环中,每次取出一个字符 Mid(Text1, i, 1),判断其所属的字符种类。

案例设计

程序流程图请读者根据案例分析自行完成。

案例实现

字符分类统计的代码段:
```
Private Sub Command1_Click()
   Dim a%(1 To 3), c As String * 1
   length=Len(Text1)                    '求字符串的长度
   For i=1 To length                    '取出每个字符,分类统计
```

```
        c=UCase(Mid(Text1, i, 1))              '取一个字符,转换成大写
        If c>="A" And c<="Z" Then
           a(1)=a(1)+1
           ElseIf c>="0" And c<="9" Then
              a(2)=a(2)+1
        Else
           a(3)=a(3)+1
        End If
     Next i
     Picture1.Print "英文字符个数="; a(1)      '可以改为循环输出数组 a
     Picture1.Print "数字字符个数="; a(2)
     Picture1.Print "其他字符个数="; a(3)
End Sub
```
运行结果如图 4-15 所示。

思考:
如果把程序中的 If 语句改为 Case 语句应如何实现?

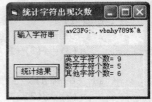

图 4-15　案例 4.8 的运行界面

2. 求极值（求和、求平均、求极大值、极小值）

【**案例 4.9**】某大学举办国庆 60 周年合唱比赛,要求计算每个系的最终得分。每个系合唱完毕后,由 10 个评委对这个系的合唱进行打分。每个系最终得分的计算规则为去掉一个最高分,去掉一个最低分,然后计算剩下成绩的平均分。

案例分析

根据题意,每个系合唱完毕后,由 10 个评委进行打分,产生 10 个分值,因此可以使用一维数组来存放这些分值。然后,计算 10 个元素的和 sum,并从中找出最大值 max 和最小值 min,最终得分 result=(sum-max-min)/(10-2)。

案例设计

程序流程图请读者根据案例分析自行完成。

案例实现

计算评委打分的代码段：
```
Option Base 1                                 '通用声明段,设置数组下界为 1
Private Sub Form_click()
   Dim score(10) As Single, i%, max!, min!, sum!, result!
   Print "**系的评委打分是: "
   For i=1 To 10                              '输入评委打分
      score(i)=Val(InputBox ("请输入评委分值"))
      Print score(i);
   Next i
   max=score(1)                               '初始化 max、min、sum
   min=score(1)
   sum=0
   For i=1 To 10
      sum=sum+score(i)                        'sum 累加
      If score(i)<min Then                    '求最小值
         min=score(i)
```

```
    ElseIf score(i)>max Then          '求最大值
        max=score(i)
    End If
Next i
result=(sum-max-min)/(10-2)           '计算最终得分
result=Format(result, "0.0")
Form1.Print
Form1.Print "**系最终得分是"; result
End Sub
```

在上述程序段中使用了格式化输出函数 Format()。使用该函数可以将数值、日期或字符串按照指定的格式输出，其使用格式为：

Format(输出表达式,"格式字符串")

其中：
- 输出表达式：要格式化的数值、日期和字符串类型表达式。
- 格式字符串：表示指定的输出格式串。格式字符串有3种，即数值格式、日期格式和字符串格式，格式字符串两边要使用双引号。

该函数的返回值是一个按照指定格式形成的字符串。

运行结果如图 4-16 所示。

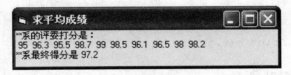

图 4-16　案例 4.9 的运行界面

3. 矩阵运算

对于矩阵而言，一般可以把矩阵的行列元素存放在一个二维数组中。对于矩阵元素的输入、输出，一个矩阵的转置、排序，或者两个矩阵的运算，一般可以通过两层内外循环嵌套来实现。

【案例 4.10】求两个矩阵相乘。

案例分析

假设有两个矩阵 $A_{m_1 \times n_1}$ 和 $B_{m_2 \times n_2}$，两个矩阵相乘必要条件是 $n_1 = m_2$，得到的矩阵是 m_1 行 n_2 列的矩阵。设 $A \times B = C$，由两个矩阵相乘的定义知：

$$C_{ij} = \sum_{k=1}^{n_1} A_{ik} \times B_{kj} (1 \leq i \leq m_1, 1 \leq j \leq n_2)$$

相乘的两个矩阵元素的值可以采用随机函数 Rnd()或者通过 InputBox()函数两种方法进行输入。

案例设计

程序流程图请读者根据案例分析自行完成。

案例实现

两矩阵相乘的代码段：
```
Option Base 1                         '通用声明段，强制数组下界为 1
Private Sub Command1_click()
    Dim a%(5, 5), b%(5, 5), c%(5, 5), i%, j%, k%
```

```
    For i=1 To 5                         '从键盘输入矩阵 A、B 的元素值
      For j=1 To 5
        a(i,j)=Val(InputBox("请输入数组元素 a(" & i & "," & j & ")的值"))
        b(i,j)=Val(InputBox("请输入数组元素 b(" & i & "," & j & ")的值"))
      Next j
    Next i
    For i=1 To 5                         '产生矩阵 C
      For j=1 To 5
        For k=1 To 5
          c(i,j)=c(i,j)+a(i,k)*b(k,j)
        Next k
      Next j
    Next i
    Picture1.Print "矩阵 A: "             '输出矩阵 A
    For i=1 To 5
      For j=1 To 5
        Picture1.Print a(i,j);
      Next j
      Picture1.Print
    Next i
    Picture2.Print "矩阵 B: "             '输出矩阵 B
    For i=1 To 5
      For j=1 To 5
        Picture2.Print b(i,j);
      Next j
      Picture2.Print
    Next i
    Picture3.Print "矩阵 C: "             '输出矩阵 C
    For i=1 To 5
      For j=1 To 5
        Picture3.Print c(i,j);
      Next j
      Picture3.Print
    Next i
End Sub
```

运行结果如图 4-17 所示。

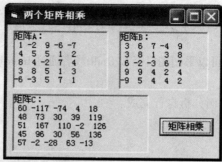

图 4-17 案例 4.10 的运行界面

4.4 控件数组

4.4.1 控件数组的概念

控件数组指的是由一组相同类型的控件组成,它们共用一个控件名,具有相同的属性,建立时系统给每个控件元素赋一个唯一的索引号(Index)。控件数组适用于若干个控件执行的操作相似的场合,它们共享同样的事件过程。为了区分控件数组中的各个元素,通过返回的下标值来区分。例如:

```
Private Sub command1_Click(Index As Integer)
   …
   If Index=3 then
      '处理第四个命令按钮的操作
   End If
   …
End Sub
```

说明:Index 从 0 开始。

4.4.2 控件数组的建立

可以通过两种方法来建立控件数组。

1. 在设计时建立控件数组

操作步骤如下:

① 窗体上画出控件,进行属性设置,这是建立的第一个元素。
② 选中该控件,进行"复制"和"粘贴"操作若干次,建立所需个数的控件数组元素。
③ 进行事件过程的编程。

2. 在运行时添加控件数组

① 在窗体上画出某控件,设置该控件的 Index 值为 0,表示该控件为数组。这是建立的第一个元素,并可以对控件数组的一些取值相同的属性进行设置,如所有文本框的字体都取一样大小。
② 在编程时通过 Load 方法添加其余的若干个元素,也可以通过 Unload 方法删除某个添加的元素。

Load 方法和 Unload 方法的使用格式:

Load 控件数组名(<表达式>); Unload 控件数组名(<表达式>)

其中,<表达式>为整型数据,表示控件数组的某个元素。

③ 通过 Left 和 Top 属性确定每个新添加的控件数组元素在窗体的位置,并将 Visible 属性设置为 True。

4.4.3 控件数组的使用

【案例 4.11】在窗体上建立含有 4 个命令按钮的控件数组,当单击某个命令按钮时,分别显示不同的图形或者结束操作。

案例分析

根据题意，在窗体上建立第一个命令按钮，设置它的属性 Index=0，然后通过"复制""粘贴"操作建立其他 3 个按钮。在主调事件过程中，根据返回的 Index 值使用 Select Case 语句分别完成图形的输出或者结束操作。具体的 Line、Circle 画图方法可参照第 8 章的内容。

案例设计

根据案例分析建立窗体及其窗体上的控件，并进行属性设置。

案例实现

使用命令按钮控件数组完成不同操作的事件过程代码段：

```
Private Sub Command1_Click(Index As Integer)
    Picture1.Cls                       '图形框清空
    Picture1.FillStyle=6
    Select Case Index                  '单击按钮，返回 Index 值，执行不同的操作
      Case 0
        Picture1.Print "画直线"
        Picture1.Line(2,2)-(7,7)
      Case 1
        Picture1.Print "画矩形"
        Picture1.Line(2,2)-(7,7), , BF
      Case 2
        Picture1.Print "画圆"
        Picture1.Circle(4.5,4.5), 3.5, , , , 1.4
      Case Else
        End
    End Select
End Sub
Private Sub Form_Load()
    Picture1.Scale(0,0)-(10,10)        '设置坐标系
End Sub
```

运行结果如图 4-18 所示。

课后完成通过开发计算器实例掌握控件数组的使用方法，可参考图 4-19 所示运行界面。要求：运算符按钮"+""-""*""/""="在设计时建立；数字按钮 0~9，在设计时建立一个元素显示 0，运行时添加其余 9 个元素；其他按钮单独建立。

图 4-18 案例 4.11 的运行界面

图 4-19 计算器的运行界面

经验交流

设计界面时，如果有多个相同的控件出现，且具有相似的事件过程，则可以使用控件数组，简化界面设计和程序编写工作。

4.5 自定义数据类型

4.5.1 自定义数据类型的定义

数组是能够存放一组相同类型数据的集合，例如存放一个班所有学生的成绩。但是，若想同时存放学生的学号、姓名、性别、成绩，则需要通过声明多个数组来实现，以至于给程序的编写带来很多不便。在 Visual Basic 中这样的问题可以通过自定义数据类型来解决。

自定义类型通过 Type 语句来实现。格式如下：

```
Type   自定义类型名
    元素名[(下标)] AS 类型名
    …
    [元素名[(下标)] AS 类型名]
End Type
```

其中：
- 元素名：表示自定义类型中的一个成员。
- 下标：表示这个元素是数组。
- 类型名：表示是标准类型。

例如：定义一个有关学生基本信息的自定义类型。

```
Type StuType
    No As Integer                    '学号
    Name As String * 20              '姓名
    Sex As String * 1                '性别
    Mark(1 To 4) As Single           '4门课成绩
    Total As Single                  '总分
End Type
```

再如：定义一个日期型数据 date_type。

```
Type date_type
    Year As Integer
    Month As Integer
    Day As Integer
End Type
```

说明：
① 自定义类型一般放在标准模块（.bas）中定义，默认是 Public。
② 自定义类型中的元素类型是标准类型，如果是字符串，必须是定长字符串。
③ 不要将自定义类型名和该类型的变量名混淆。前者代表一种类型，类似于 Integer、Single 等类型名；后者则是 Visual Basic 根据其类型分配相应的内存空间，以存储数据。
④ 要区分自定义类型变量和数组的异同。相同之处在于它们都是由若干个元素组成；不同之处，前者的元素代表不同性质、不同类型的数据，以元素名表示不同的元素；而数组存放的是同种性质、同种类型的数据，以下标来表示不同的元素。

4.5.2 自定义数据类型变量的声明和引用

定义好了自定义类型，就可以在声明变量时使用该类型。声明形式：

```
Dim  变量名  As  自定义类型
```
例如：`Dim  Student  As  StuType`

如果要引用自定义类型变量的某个元素，引用形式为：

```
变量名.元素名
```

说明：

务必区分清楚自定义类型变量中的某个元素的表示和数组中某个元素的表示。

例如，要表示 Student 变量中的姓名，第 4 门课的成绩，则表示如下：
`Student.name, Student.Mark(4)`

如果想对 Student 变量中的每个元素进行引用，这样的书写太麻烦，可以使用 With 语句进行简化。

例如：对 Student 变量的各个元素赋值，计算总分，并显示结果。

```
With Student
  .No=1
  .Name="王娜"
  .Sex="女"
  For i=1 to 4
    .Mark(i)=Int(Rnd*101)
    .Total=.Total+.Mark(i)
  Next i
  Print .No;.Total
End With
```

4.5.3 自定义数据类型数组的应用实例

【案例 4.12】 自定义一个学生基本信息数据类型 StuType，再定义一个数组变量 student，声明其为 stutype 类型，然后通过"新增"命令按钮控件，添加 3 个学生的基本信息，包括学生的学号、姓名、性别、专业、总分，同时可以浏览每个学生的信息，还可以显示出最高分。

案例分析

根据题意，要自定义一个学生数据类型，该类型包含 5 个元素，在主调事件过程中，通过命令按钮控件数组实现新增、浏览（前一个、后一个）和显示出最高分的功能。

案例设计

根据案例分析建立窗体及其窗体上的控件，并进行属性设置。

案例实现

在标准模块中定义自定义数据类型 StuType：

```
Type StuType
  No As Integer              '学号
  Name As String * 20        '姓名
  Sex As String * 1          '性别
  Special As String * 10     '专业
```

```
    Total  As Single                    '总分
End Type
```
在窗体模块中进行事件过程编程：
```
Dim n%, i%, max%, maxi%
Dim student(1 To 3)  As StuType
Private Sub Command1_Click(Index As Integer)
    Select Case Index
      Case 0                            '新增
        If n<3 Then
            n=n+1                       '总记录数
        Else
          MsgBox "输入人数超过数组声明的个数"
          End
        End If
        i=n
        With student(i)
        .No=Text1
        .Name=Text2
        .Sex=Text3
        .Special=Text4
        .Total=Val(Text5)
        End With
        Text1=""
        Text2=""
        Text3=""
        Text4=""
        Text5=""
      Case 1                            '前一条
        If i>1 Then
            i=i-1                       '前一条记录号
        End If
        With student(i)                 '把学生记录信息显示在文本框中
          Text1=.No
          Text2=.Name
          Text3=.sex
          Text4=.Special
          Text5=.Total
        End With
      Case 2                            '后一条
        If i<n Then
            i=i+1                       '后一条记录号
        End If
        With student(i)                 '把学生记录信息显示在文本框中
          Text1=.No
          Text2=.Name
          Text3=.sex
```

```
            Text4=.Special
            Text5=.Total
         End With
      Case 3                              '查找最高分者
         max=student(1).Total
         maxi=1                           '假定第一条记录总分最高
         For j=2 To n                     '获取最高分的记录号
            If student(j).Total>max Then
               max=student(j).Total
               maxi=j
            End If
         Next j
         With student(maxi)               '把最高分记录信息显示在文本框中
            Text1=.No
            Text2=.Name
            Text3=.sex
            Text4=.Special
            Text5=.Total
         End With
         i=maxi
   End Select
   Label7=i & "/" & n                     '显示当前位置和总数
End Sub
```

运行结果如图 4-20 所示。

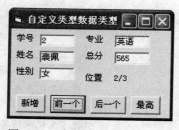

图 4-20 案例 4.12 的运行界面

经验交流

初学者常常混淆自定义类型名和自定义类型变量。先定义自定义数据类型，再声明自定义数据类型的变量；对自定义数据类型变量的每个元素进行处理时，常采用 With 语句，可用于某些记录信息的表示，如学生、教师、职工等。

习　　题

一、简答题

1. 什么是数组？
2. 静态数组和动态数组在使用时有什么不同？

3. 什么是控件数组？控件数组如何建立？使用控件数组有什么好处？
4. 什么是自定义数据类型？在程序中如何使用？
5. 程序运行时显示"下标越界错误"，可能有哪些情况？
6. Array()函数的作用是什么？在程序中使用 Ubound()和 Lbound()函数有什么好处？

二、选择题

1. 以下定义数组的语句中，正确的是（   ）。

   A. Dim a AsVariant
      a=Array(1,2,3,4,5)

   B. Dim a(10) As Integer
      a=Array(1,2,3,4,5)

   C. Dim a%(10)
      a=Array(1,2,3,4,5)

   D. Dim a(3) ,b(3) As Integer
      a(0)=0
      a(1)=1
      a(2)=2
      b=a

2. 在窗体上有一个文本框 Text1 和一个命令按钮 Command1，然后编写如下事件过程：
```
Private Sub Command1_Click()
  Dim a(10,10) As Integer
  Dim i As Integer, j As Integer
  For i=1 To 3
    For j=2 To 4
      a(i,j)=i+j
    Next j
  Next i
  text1.Text=a(2,3)+a(3,4)
End Sub
```
运行程序后，单击命令按钮，在文本框中显示的值是（   ）。

   A. 14   B. 15   C. 12   D. 13

3. 以下程序输出的结果是（   ）。
```
Dim  a()
a=Array(1, 2, 3, 4, 5, 6, 7)
For i=Lbound (a) To Ubound (a)
  a(i)=a(i)*a(i)
Next i
Print a(i)
```
   A. 49   B. 0   C. 不确定   D. 程序出错

4. 设数组 a 中有 N 个元素，并已按递增次序排列，下面（   ）程序段可以使 a 数组的元素按递减次序排列。

   A. For i=1 To N
          a(N-i+1)=a(i)
      Next i

   B. For i=1 To N/2
          a(i)=a(N-i+1)
      Next i

   C. For i=1 To N
          t=a(i)
          a(i)=a(N-i+1)

   D. For i=1 To N/2
          t=a(i)
          a(i)=a(N-i+1)

            a(N-i+1)=t   a(N-i+1)=t
        Next i   Next i

5. 有如下程序段：
```
Type student
    nl AS Integer
    name As String*13
End Type
Dim stu As student
```
该程序段定义了两个程序成分，分别是（   ）。
   A. 数据类型和自定义类型变量   B. 自定义类型和自定义类型变量
   C. 显示类型和变量   D. 自定义类型和变量

三、填空题

1. 求出矩阵 A 的主对角线上的元素之和，填空使程序完整。
```
Option Base 1              '通用声明段
Private Sub Form_click()
   Dim a(5, 5) As Integer, i%, j%, sum%
   sum=0
   For i=1 To 5
     For j=1 To 5
       If j=i Then
          _____
       End If
     Next j
   Next i
   Print sum
End Sub
```

2. 使用"插入法"对数组 a 按照升序排列，填空使程序完整。

    插入法排序的基本思想是：将数组处理 n 次，第 k 次处理是将第 k 个元素插入到数组目前的序列中。在第 k 个元素插入时，前面的 k-1 个元素已经排好为升序，将 a[k]与其前面的 a[k-1], a[k-2], …, a[1]逐个比较（由后向前），若 a(j)>a(j + 1)（1=<j<=k-1），则将两数交换，实现 a[k]插入到已有的有序序列中，否则 a[k]维持原位置不变。
```
Private Sub Form_click()
    Dim a(1 To 10) As Integer, k%, x%
    For i=1 To 10
      a(i)=Val(InputBox("请输入数据"))
      _____                        '实现插入排序
      Do Until j<=0
        If _____ Then
          t=a(j)
          a(j)=a(j+1)
          a(j+1)=t
        End If
        _____
      Loop
      For n=1 To i
        Print a(n);
      Next n                           '当前元素插入后输出数组元素
      Print
```

```
    Next i
End Sub
```

3. 将一维数组中元素向右循环移位，移位次数由键盘输入（如：数组各元素的值依次为 0、1、2、3、4、5、6、7、8、9；位移 3 次后得 7、8、9、0、1、2、3、4、5、6），填空使程序完整。

```
Private Sub Form_click()
    Dim a(9) As Integer, n As Integer
    Dim i As Integer, t As Integer, j As Integer
    For i=0 To _____          '打印输出移位前的顺序
      a(i)=i
      Print a(i);
    Next i
    n=Val(InputBox("请输入移位次数"))
    For i=1 To _____          '移位的过程
      _____
        For j=8 To 0 Step -1
          a(j+1)=a(j)
        Next j
      _____
    Next i
    Print
    For i=0 To 9                        '打印输出移位后的顺序
      Print a(i);
    Next i
End Sub
```

4. 设有如下程序：用 Array()函数建立一个含有 8 个元素的数组，然后查找并输出该数组中各元素的最小值，填空使程序完整。

```
Option Base 1                  '通用声明段
Private Sub Command1_Click()
    Dim ary
    Dim Min As Integer, i As Integer
    ary=Array(12,435,76,-24,78,54,866,43)
    Min=_____
    For i=2 To 8
      If ary(i)<Min Then_____
    Next i
    Print "最小值是: ";_____
End Sub
```

5. 在窗体上放置了 10 个 Text 数组控件，分别是 Text1(0)，Text1(1)，…，Text1(9)，使用 For 语句将这些文本框赋值为 0~9。

```
For i=0 to 9
  _____
Next i
```

四、编程题

1. 求两个数组对应元素之和。
2. 给数组 a(1 to 10)各元素赋值，求各元素的乘积。
3. 在设计时建立一个具有 4 个元素的按钮控件数组，分别用来实现两数的加、减、乘、除，两个数通过窗体上的文本框 Text1 和 Text2 输入。

4. 某学校有 3 个教师，现在按照教师的职称加工资。条件如下：教授和副教授加 500 元，讲师加 300 元，助教加 150 元，其他人员不加。建立一个教师自定义数据类型，包括工号、姓名、职称、工资 4 部分。显示加工资前和后的教师信息。（使用自定义数组完成本道题）

5. 打印一个 5 阶的"魔方阵"。所谓"n 阶魔方阵"是指这样的方阵：由 $1\sim n^2$ 这些整数排成方阵，其中每一行、每一列和两个对角线上的数字之和均相等。运行界面如图 4-21 所示。

图 4-21　5 阶魔方阵

第 5 章 过 程

本章讲解
- 子过程的创建和使用。
- 函数过程的创建和使用。
- 参数传递的有关概念和使用。
- 递归的概念和使用。
- 过程的作用域。

根据模块化程序设计的思想,一个较大的程序一般应分为若干个程序模块,每个模块用于实现一个特定的功能。在 Visual Basic 程序中,这个模块用过程或者函数来实现。用户可以把一些完成特定功能的模块编写成一个相对独立的过程或者函数,然后通过调用这些过程或者函数使程序完成特定的功能,这样就可以较好地实现操作过程的封装性,从而降低程序设计的复杂度,提高程序的可维护性。本章首先介绍子过程(Sub 过程)和函数过程(Function 过程)的创建、调用,然后重点讲解过程参数的值传递和地址传递、递归及过程的作用域等。

5.1 子 过 程

在编写程序时,把完成某一个独立子功能的程序段用子过程的形式来实现,可以避免程序语句的重复出现。

5.1.1 子过程引例

当处理的问题中涉及多次使用某一个独立的功能(例如交换两数的值,分离某个字符串等)时,如果在同一段主程序中求解这些问题,某些功能性语句可能要多次重复出现。为了解决此类问题,引入了 Visual Basic 中的子过程。

通过对案例 5.1 的学习,可使学生掌握子过程的概念、定义和调用。

【案例 5.1】交换任意两数 A、B 的值。
案例分析
在前几章知识的基础上,可以在某个对象的事件过程中实现两数的交换。对于一对值 A、B,借助于中间变量 t,用三条语句 t = A、A = B、B = t 即可。但是,如果需要实现多次两数交换,这三条语句将重复出现多次,这将加大程序的编写工作,降低程序的可读性。可考虑将这一个主事件过程的功能分成两部分：一部分只负责完成任意两数的交换；另一部分还是主事件过程，只负责接收 A、B 的值，同时把 A、B 的值传给实现交换的代码段。

案例设计

为了解决上述问题，使用子过程 Sub 的定义和调用语句。

根据分析，定义一个交换任意两个数 A、B 的值的子过程 Swap。在主事件过程中任给两个数，只要调用 Swap 子过程，就可以实现交换两数的值的功能。

案例实现

定义交换两数的子过程 Swap：

```
Public Sub Swap(x, y)
  Dim t
  t=x                           '借助中间变量t，实现两数交换
  x=y
  y=t
End Sub
```

主事件过程：

```
Private Sub Form_Click()
  Dim A, B
  A=10
  B=20
  Print "交换之前两数的值:",
  Print "A="; A,
  Print "B="; B
  Swap A, B                     '调用子过程Swap ( )
  Print "交换之后两数的值:",
  Print "A="; A,
  Print "B="; B
End Sub
```

运行结果如图 5-1 所示。

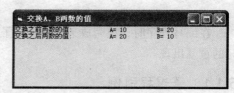

图 5-1　案例 5.1 的运行界面

案例归纳

上述程序定义了一个子过程 Swap，它没有返回值，只有两个形式参数，分别是整型 x 和 y。Swap 的过程体中有 3 行代码，功能是利用中间变量 t 实现 x 和 y 的交换。

5.1.2　子过程创建

通过上面的例子可以看出，编写子过程是为了在主调程序中获得某种功能的处理。下面给出子过程的语法。

1．子过程的定义

子过程的定义形式如下：

`[Public|Private|Static] Sub 子过程名([形式参数列表])`

```
    [局部变量或常数定义]
    <语句序列>
    [Exit Sub]        <语句序列>    } 子过程体
End Sub
```

说明:

① [Public | Private | Static] 是可选的,表示过程的调用范围。Public 定义的过程是全局过程,可以被整个工程中的任何过程调用; Private 定义的过程是局部的,只能被本窗体或者本模块中的过程调用; Static 定义的过程为局部过程,只能在定义它的模块中被其过程所调用,同时该过程中的局部变量是静态变量,在过程被调用后,变量的值仍然保留。

② 子过程名: 命名规则与变量名相同。子过程名不返回值,或者通过形参与实参的传递得到结果,调用时可返回多个值。

③ 形式参数列表: 形式参数通常简称"形参",也叫虚参,仅表示形参的类型、个数、位置,定义时是无值的,只有在子过程被调用时,虚参、实参结合后才获得相应的值。

形式参数有 ByVal 和 ByRef 两种定义形式,其语法格式为: [ByVal | ByRef]变量名[( )][As 类型][,...]。ByVal 表示当该过程被调用时,参数是按值传递的; 缺省或 ByRef 表示当该过程被调用时,参数是按地址传递的。"变量名[( )]"是参数的名称,[As 类型]是参数的类型; 参数可以有多个,它们之间要用逗号","隔开。过程可以无形式参数,但括号不能省。

④ <局部变量或常数定义>,用来定义在本过程中使用的变量和常量。

⑤ [Exit Sub]: 退出 Sub 过程的语句,它常常与选择结构(If 或者 Select Case 语句)连用,当满足一定条件时,退出 Sub 过程。

⑥ End Sub: 用来结束本过程的执行,然后返回到主调过程中的调用位置处,接着执行调用语句的下一条语句。

2. 子过程的建立

Sub 过程是一个通用过程,它不属于任何一个事件过程,因此不能在事件过程中建立。通常 Sub 过程是在标准模块中或者窗体模块中建立的。

方法一: 在标准模块中,选择"工具"→"添加过程"命令,打开"添加过程"对话框,如图 5-2 所示。在"名称"文本框中输入要建立的子过程的名字,如 Sort; 然后选择过程类型(子程序、函数、属性、事件)及作用范围(Public 或 Private),单击"确定"按钮后得到一个过程定义的结构框架(模板)。例如:

```
Public Sub Sort( )
...
End Sub
```

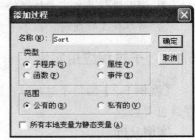

图 5-2 "添加过程"对话框

方法二: 在标准模块中利用定义 Sub 过程的语句建立 Sub 过程。

在打开的标准模块代码窗口中,直接输入要定义的 Sub 过程的首行语句,比如 Public Sub Sort( ),按【Enter】键后,自动产生过程结束语句 End Sub。

方法三: 在窗体模块中利用定义 Sub 过程的语句建立 Sub 过程。

在打开的窗体模块代码窗口中,选择"通用声明"段,直接输入要定义的 Sub 过程的首行语句,比如 Public Sub Sort( ),按【Enter】键后,自动产生过程结束语句 End Sub。

3. Sub 过程的分类

在 Visual Basic 中，Sub 过程分为：事件过程和自定义 Sub 过程。

（1）事件过程

事件过程一般指对于窗体或者控件的某一事件而编写的事件过程。

① 窗体事件过程的语法：
```
Private Sub Form_事件名(参数列表)
    <语句组>
End Sub
```
② 控件事件过程的语法：
```
Private Sub 控件名_事件名(参数列表)
    <语句组>
End Sub
```

（2）自定义 Sub 过程

自定义 Sub 过程指的是用户根据需要自己定义的过程，这个过程完成了某一个特定的功能。

5.1.3 子过程调用

子过程的调用形式为：
```
子过程名 [<参数列表>]
```
可以直接作为一条语句来使用，或用语句
```
Call 子过程名[(<参数列表>)]
```
例如，调用上面定义的 Swap 子过程的形式为：
```
    Swap a,b   或者  Call Swap (a,b)
```

说明：

① <参数列表>中的参数是实参，它必须与形参的个数、类型一致。

② 调用过程是把实参传递给对应的形参，其中有值传递和址传递两种。

③ 当参数是数组时，形参和实参在参数声明时应当省略其维数，但是括号不能省。

5.1.4 子过程应用实例

【案例 5.2】 编写子过程，在窗体上放置一文本框，调用子过程以实现对文本框的前景色、背景色着色。

案例分析

根据题意，需要定义两个子过程 color1 和 color2，实现对 Text1 的 ForeColor、BackColor 两个属性赋值。在主调事件中，随机产生一个整形值作为颜色，传递给子过程的形参，而形参只需要得到实参的值，并不需要把形参改变之后的值带回到主调函数，所以形参使用 Byval 值传递方式。

案例设计

窗体及各控件属性设置如表 5-1 所示。

表 5-1　例 5.2 对象属性设置

控件名称	属性名称	属性值
Form1	Caption	Sub 子过程示例
Text1	Text	欢迎学习 VB 过程
Command1	Caption	前景色
Command2	Caption	背景色

案例实现

定义给文本框 Text1 设置前景色的子过程 color1()：
```
Private Sub color1(ByVal s%)
   Text1.ForeColor=QBColor(s)
End Sub
```
定义给文本框 Text1 设置背景色的子过程 color2()：
```
Private Sub color2(ByVal s%)
   Text1.BackColor=QBColor(s)
End Sub
```
调用 color1()：
```
Private Sub Command1_Click()
   Dim c%
   Randomize        '初始化随机生成器
   c=Int(Rnd*15)
   Call color1(c)
End Sub
```
调用 color2()：
```
Private Sub Command2_Click()
   Dim c%
   Randomize
   c=Int(Rnd*15)
   Call color2(c)
End Sub
```
QBColor()函数的功能为根据颜色码返回一个指定的颜色，其语法格式为：

QBColor(颜色码)

其中，颜色码为 0～15 之间的整数，每个颜色码代表一种颜色。

运行结果如图 5-3 所示。

图 5-3　案例 5.2 的运行界面

经验交流

结构化程序设计的主要思想是对程序进行合理的模块化划分，以便增强程序的可读性。例如，案例 5.2 中的随机生成一个十进制整数的颜色码再编制一个子过程，会使程序结构看起来更清晰。

5.2 函数过程

5.2.1 Function 过程引例

当处理的问题中同样涉及多次使用某一个独立的功能时,比如求解任意两个正整数的最大公约数,求任意两数的和等,可与子过程相似地实现一个独立的功能,不同之处是这段独立的代码段执行之后产生一个结果,并且需要把这个结果返回到主调事件过程中。为了解决此类问题,将引入 VB 中的函数过程。

通过对案例 5.3 的学习,可使学生掌握函数过程的概念、定义和调用,并与子过程进行对比,分析其相同点和不同点。

【案例 5.3】定义一个求和函数 Sum()。

案例分析

根据题意,定义一个求和函数 Sum(),实现两数相加的功能。在主调过程中,任意给两数,通过调用 Sum()函数,得到两数的和。本案例通过 Sum()函数过程的定义,使学生理解自定义函数过程 Function 中各元素的含义。

案例设计

为了解决上述问题,使用函数过程 Function 的定义和调用语句。

案例实现

在窗体模块中定义求和函数 Sum():
```
Public Function Sum(x!, y!) As Single
    Dim z!                        '局部变量声明
    z=x+y                         '两数求和
    Sum=z                         '将 z 的值作为函数 sum()的结果返回
End Function
```
主调事件过程:
```
Private Sub Form_click()
    Dim a!, b!, c
    a=Val(InputBox(请输入第一个数 a))
    b=Val(InputBox(请输入第一个数 b))
    c=Sum(a, b)                   '函数过程 Sum()的调用
    Print "a、b 两数之和是: "
    Print a; "+"; b; "="; c
End Sub
```
运行结果如图 5-4 所示。

图 5-4 案例 5.3 的运行界面

上述程序定义了一个求和函数 Sum(),其返回值类型为 Single。Sum 有两个形式参数,分别是单精度类型变量 x 和 y,函数体中有 3 行代码,第 1 句声明了单精度型局部变量 z,用以存放求和的结果;第 2 句完成求和运算;最后一句将 z 的值作为函数的结果返回。

5.2.2 函数过程创建

通过上面的例子可以看出,编写函数过程,除了可以在主调程序中获得某种功能的处理之外,还可以通过函数过程带回一个返回值,这是与子过程相区别的一点。

Visual Basic 函数分为内部函数和外部函数：内部函数是前面章节介绍的函数，外部函数是用户根据需要用 Function 关键字定义的函数过程。与子过程不同的是，函数过程将返回一个值。

1. 函数过程的定义

```
[Public | Private | Static]Function 函数名([<形式参数列表>])[As<类型>]
    [局部变量或常数定义]
    <语句序列>
    函数体[函数名=返回值]
    [Exit Function]
    <语句序列>
    [函数名=返回值]
End Function
```

函数过程体

说明：

① [Public | Private | Static] 是可选的，它们表示函数过程的调用范围。Public 定义的函数过程是全局过程，可以被整个工程中的任何过程调用；Private 定义的函数过程是局部的，只能被本窗体或者本模块中的过程调用；Static 定义的函数过程为局部过程，只能在定义它的模块中被其过程所调用，同时该函数过程中的局部变量是静态变量，在函数过程被调用后，变量的值仍然保留。

② 函数名：命名规则与变量名相同，但不能与系统的内部函数或其他通用子过程同名，也不能与已定义的全局变量和本模块中模块级变量同名。

③ 形式参数列表：形参的定义与子过程完全相同。过程可以无形式参数，但括号不能省。

④ As<类型>：指函数返回值的类型，若省略，则函数返回变体类型值(Variant)。

⑤ 在函数体内，函数名可以当变量使用，函数的返回值就是通过对函数名的赋值语句来实现的。在函数过程中，至少要对函数名赋值一次。

⑥ [Exit Function]：表示退出函数过程，经常与选择结构（If 或 Select Case 语句）联用，即当满足一定条件时，退出函数过程。

⑦ End Function：函数过程的结束标志，程序执行了该语句后，退出该函数过程，返回到主调过程的调用语句处，并接着执行调用语句的下一条语句。

2. 函数过程的建立

Function 过程同 Sub 过程一样，不属于任何一个事件过程，因此它只能在窗体模块和标准模块中建立。

方法一：在标准模块中，选择"工具"→"添加过程"命令，打开"添加过程"对话框（见图 5-5），选择过程类型（子程序、函数、属性、事件）及作用范围（公有的、私有的），单击"确定"按钮后，得到一个函数定义的结构框架（模板）。例如：

```
Public Function area( )
    ...
End Function
```

方法二：在标准模块中利用定义 Function 过程的语句

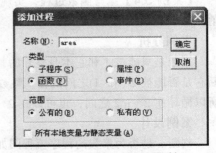

图 5-5 "添加过程"对话框

建立函数过程。

在打开的标准模块代码窗口中，直接输入要定义的 Function 过程的首行语句，比如 Public Function area( )，按【Enter】键后，自动产生过程结束语句 End Function。

方法三：在窗体模块的通用部分，利用定义 Function 过程的语句建立函数过程。

在打开的窗体模块代码窗口中，选择"通用声明"段，直接输入要定义的 Function 过程的首行语句，比如 Public Function area( )，按【Enter】键后，自动产生函数过程结束语句 End Function。

5.2.3 函数过程调用

函数过程的调用形式为：函数过程名(实参列表)，Call 函数过程名(实参列表)，

或者变量名=函数过程名([实参列表])。

说明：

① 前面两种形式调用语句可以独自作为一条语句出现在代码中，不带回返回值；而最后一种调用是出现在表达式中，带返回值并参加表达式的运算。

② 在调用时，实参和形参的数据类型、顺序、个数必须匹配。函数调用出现在表达式中，其功能是求得函数的返回值。

例如，定义一个利用三角形的三条边求三角形面积的 area()函数如下：

```
Public Function area(x!, y!, z!) As Single       '函数过程 area()的定义
    Dim c!
    c=1/2*(x+y+z)
    area=Sqr(c*(c-x)*(c-y)*(c-z))
End Function
```

在主调事件过程中，调用 area()函数方式如下：

```
Private Sub Form_click()
    Dim a%,b%,c%,s!
    s=area(a,b,c)                                '函数过程 area()的调用
    Print "三角形的面积是" s
End Sub
```

5.2.4 函数过程应用实例

【**案例 5.4**】编写函数过程，实现案例 3.12 的功能，如果给定的整数 n 是素数，则返回逻辑值 True，否则返回 False。

案例分析

素数是只能被 1 和它本身整除的整数。如果要判断所给整数 n 是否为素数，只能通过循环判断它是否能被 2～(n-1)之间的任一整数整除。因为 2～(n\2)和[(n\2)+1]～(n-1)之间的判断是等效的，所以循环在 2～n\2 之间；也可以在 2～Spr(n)之间。

案例设计

判断 n 是否为素数的程序流程图如图 5-6 所示。

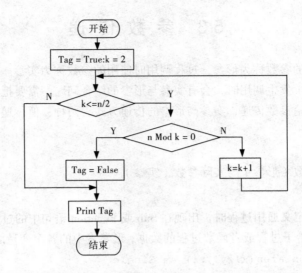

图 5-6 案例 5.4 的程序流程图

案例实现

在窗体模块中定义函数过程 Prime，判断整数 n 是否是素数：

```
Private Function Prime(n As Integer) As Boolean
    Dim k%, Tag As Boolean
    Tag=True                          '事先假定 n 是素数
    For k=2 To n\2                    '判断 n 是否能整除 2～n\2 之间的数
        If n Mod k=0 Then Tag=False: Exit For
    Next k
    Prime=Tag                         '给函数名 Prime 赋值，带值返回到主调事件过程
End Function
```

主调事件过程：

```
Private Sub Form_click()
    Dim answer As Boolean, n%
    n=Val(InputBox("请输入一个整数"))
    answer=Prime(n)   '调用素数函数过程 Prime()
    Print "整数"; n; "是素数吗？", answer
End Sub
```

运行结果如图 5-7 所示。

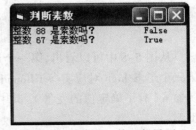

图 5-7 案例 5.4 的运行界面

🎧 **经验交流**

① 初学者要正确地区分把某个功能是编写为 Sub 子过程还是 Function 函数过程。

② 要学会对 Sub 过程和 Function 函数过程进行互相转化。例如，将案例 5.4 中的 Prime 改写为 Sub 过程，只需把语句 Prime=Tag 去掉，在过程名中加进一个逻辑变量 flag，然后通过 flag 把结果带回到主调事件过程。

5.3 参数传递

过程定义时使用的参数称为形参,过程调用时使用的参数称为实参。在主调过程与被调过程(子过程和函数过程)发生调用时,会有实参与形参的结合问题,需要把实参的值传递给形参,即参数传递。本节讨论参数传递,实参与形参的传递方式有两种:值传递方式和地址传递方式。

5.3.1 参数类型

参数分为形式参数(形参)与实际参数(实参)。

1. 形式参数

形式参数是指在定义通用过程时,出现在 Sub 或 Function 语句中的过程名后面圆括号内的参数,是用来接收传送给子过程或者函数过程的数据,形参表中的各个变量之间用逗号分隔。例如:

```
Public Function area(x!,y!,z!) As Single
Public Sub Swap(x%, y%)
```

2. 实际参数

实际参数是指在调用 Sub 或 Function 过程时,写在子过程名或函数名后面括号内的参数,其作用是将它们的数据(数值或地址)传送给 Sub 或 Function 过程中与其对应的形参变量。

实参可由常量、表达式、有效的变量名、数组名(后加左、右括号,如 mark())组成,实参表中各参数用逗号分隔。例如,在主调过程中调用 area、Swap 过程时,携带的实参 a、b、c 和 x、y。

```
s1=area(a,b,c)
Swap x, y
```

3. 实参与形参的对应关系

实参与形参的对应关系指的是调用语句中的实参和自定义过程中的形参在个数、类型、位置的一一对应关系。

例如,自定义一个使用二分法在数组中查找某个关键字的子过程及其调用过程如图 5-8 所示。

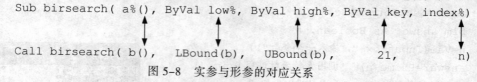

图 5-8 实参与形参的对应关系

从图 5-8 中可以看出,第一个形参数组 a() 对应实参 b(),第二个形参 low 对应实参 LBound(b),第三个形参 high 对应实参 UBound(b),第四个形参对应实参 21(常量),第五个形参 index 对应实参 n(有了确定值的变量)。其中,数组 b() 和变量 n 在主调程序中使用调用语句前必须声明其类型。

5.3.2 参数传递的方式

参数传递指主调过程的实参(调用时已有确定值和内存地址的参数)传递给被调过程的形参,参数的传递有两种方式:按值传递、按地址传递。表示形式为:形参前加 ByVal 关键字的是按值传递,缺省或加 ByRef 关键字的为按地址传递。例如:

```
Swap (ByVal A%, ByVal B%)
Swap (ByRef A%, ByRef B%)
```

1. 传值

值传递方式中的"值",是指某个常量、变量、函数或表达式的计算结果。传值过程就是将实参的内容复制一份给形参,过程在运行时,形参的值可能发生变化;过程调用结束后,形参在内存中被自动释放。

由于形参是实参的复制,它们在不同的内存段中,因此过程调用时形参值的变化不会改变实参的值。事实上形参只是一组局部变量,只在过程体内生效。

2. 传地址

参数的地址传递方式也叫引用方式,它与值传递方式的不同之处是把实参的"地址"传递给形参,而不是实参的"值"。

在地址传递方式中,过程的形参一般使用变量或数组,用以存储实参传递过来的地址。形参得到的是实参的地址,当形参的值改变时,也改变实参的值。

说明:

① 实参列表称为实参或实元,它必须与形参保持个数相同,位置与类型一一对应。

② 调用时,把实参值传递给对应的形参。其中,值传递(形参前有 ByVal 说明)时,实参的值不随形参的值变化而改变;而地址传递时,实参的值随形参值的改变而改变。

③ 当参数是数组时,形参与实参在参数声明时应省略其维数,但括号不能省。

④ 调用子过程的形式有两种,用 Call 关键字时,实参必须加圆括号括起,反之实参之间则用","分隔。

【**案例 5.5**】编写一个交换 a、b 两个整型变量值的子过程。

案例分析

通过跟踪程序中实参和形参值的变化,进一步理解值传递与地址传递的过程。

案例设计

借助于中间变量 t,实现两数交换。

案例实现

定义两种不同方式的参数传递函数 Swap1()和 Swap2():

```
Public Sub Swap1(ByVal x As Integer, ByVal y As Integer)
  Dim t  As Integer
  t=x:x=y:y=t
End Sub
Public Sub Swap2(x As Integer, y As Integer)
  Dim t  As Integer
  t=x:x=y:y=t
End Sub
```

主调事件过程:

```
Private Sub Command1_Click()
  Dim a  As Integer, b As Integer
  a=10: b=20
  Print "按传值调用前的数据:", "A1 = "; a, "B1 = "; b
```

```
        Swap1 a, b
        Print "按传值调用后的数据;", "A1 = "; a, "B1 = "; b
        a=10: b=20
        Print "按传址调用前的数据:", "A1 = "; a, "B1 = "; b
        Swap2 a, b
        Print "按传址调用后的数据;", "A1 = "; a, "B1 = "; b
End Sub
```
运行结果如图 5-9 所示。

图 5-9 案例 5.5 的运行界面

3. 按值传递和按地址传递的区别

① 实参和形参的数据类型必须一致。
② 按值传递参数，形参是实参的一个副本。
③ 按地址传递参数，形参和实参共用内存单元。
④ 子过程执行一系列操作，函数过程返回一个值。

注意：

如果实参是常量（系统常量、符号常量）或者表达式，则无论定义时使用值传递还是地址传递，都是按值传递将常量或者表达式的计算值传递给形参。

5.3.3 数组参数传递

在定义 Sub 或者函数过程时，如果形参为数组，那么调用时的实参和形参的结合应注意以下几点：

① 如果形参为数组，那么调用时的实参也必须是数组，且数据类型必须相同。
② 当参数为数组时，参数传递只能使用地址传递，因为形参和实参必须公用一段内存单元。
③ 在定义过程时，数组参数的维数和大小可以不写，但括号不能省略；被调过程可通过 LBound()和 UBound()函数得到实参数组的上、下界。因为在主调过程中，实参数组已经赋予了确切的维数和大小。

例如，在主调过程中定义了实参数组 a(1 to 10)，并给它们赋了值。在调用 Print()函数过程时，数组 a 输出的形式为：Print a() 或 Call Print(a())。

实参数组后面的括号可以省略，但为了便于阅读，建议一般不要省略为好。

调用过程时，形参数组 a 和实参数组 b 虚实结合，共用一段内存单元。因此，在 Print()过程中改变数组 a 的各元素值，也就相当于改变了实参数组 b 中对应元素的值。当调用结束时，形参数组 a 成为无定义的。

【案例 5.6】 求数组中各个元素的乘积。

案例分析

根据题意,要求任给一个数组,把数组中的各个元素的值乘起来,即连乘。这样可以定义一个实现连乘的函数过程。当给定一个数组时,把数组作为实参传递给主调过程。

案例设计

程序流程图如图 5-10 所示。

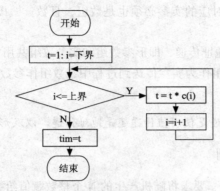

图 5-10 案例 5.6 程序流程图

案例实现

定义数组元素连乘的函数过程 tim:

```
Function tim(c() As Integer)
  Dim t#, i%
  t=1
  For i=LBound(c) To UBound(c)      '求数组的下界和上界
    t=t*c(i)                         '连乘
  Next i
  tim=t
End Function
```

主调事件过程:

```
Private Sub Command1_Click()
  Dim a%(1 To 5), b%(2 To 10), i%, t1#, t2#
  For i=1 To 5                               '简化 a 数组的数据输入
    a(i)=i
  Next i
  For i=2 To 10                              '简化 b 数组的数据输入
    b(i)=i
  Next i
  t1=tim(a())                                '调用函数 tim
  t2=tim(b())                                '调用函数 tim
  Print "a 数组各个元素的乘积"; "t1="; t1    '输出结果:t1=120
  Print "b 数组各个元素的乘积"; "t2="; t2    '输出结果:t2=362880
End Sub
```

运行结果如图 5-11 所示。

案例归纳

调用时实参数组 a 和 b 与形参数组 c 虚实结合，共用一段内存单元，因此在调用 tim() 过程时，a、b 数组分别把数组的首地址传递给 c 数组，因此 a、b 数组的各元素分别和数组 c 的各元素对应，调用结果实现了数组各元素的连乘。

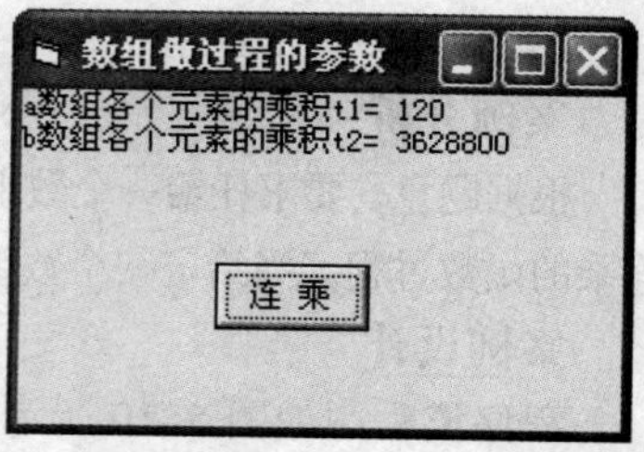

从上面的例子可以得出数组作过程的参数传递规则：

① 当用数组作形参时，对应的实参必须也是数组，且数据类型一致。

② 实参和形参结合是按地址传递，即形参数组和实参数组共用一段内存单元。

③ Visual Basic 允许把数组作为实参传送到过程中，数组作参数是通过传地址方式传送。

图 5-11 案例 5.6 的运行界面

经验交流

初学者要正确区分参数传递是使用值传递还是地址传递，以及形参和实参的结合过程。

5.3.4 数组参数应用实例

【案例 5.7】编写排序程序。要求将随机产生的 N 个整数赋值给数组的功能用子过程 getdata() 来实现；排序用子过程 sort() 来实现；输出 N 个数组元素用 putdata() 子过程来实现。

案例分析

任给一个已定义了大小的数组，通过子过程 getdata() 中的循环操作对数组元素进行赋值；通过子过程 sort() 对元素进行排序，排序时可以使用选择法和冒泡法进行排序；通过子过程 putdata() 中的循环对已经排好序的元素进行输出操作。

案例设计

利用数组中学过的知识，实现对数组元素的赋值、排序和输出。

案例实现

选择法排序（升序）的程序段：

```
Option Base 1                              '通用声明段，设置数组下界为1
定义产生数组的子过程 getdata():
Public Sub getdata(a%())                   '产生数组 a()
    Dim i%
    Print "排序前数组各元素的值"
    For i=LBound(a()) To UBound(a())       'i 从下界到上界
        a(i)=Int(Rnd * 100)                '随机产生数组元素
        Print a(i);                        '输出数组元素
    Next i
End Sub
定义数组排序子过程 Sort():
Private Sub Sort(a%())                     '对数组 a() 进行排序
    Dim i%, j%, p%, n%, temp%
    n=UBound(a)                            '获取数组上界
    For i=1 To n-1
        p=i
```

```
      For j=i+1 To n
        If a(p)>a(j) Then p=j              '选择较小的数
      Next j
        temp=a(i)
        a(i)=a(p)
        a(p)=temp
    Next i
End Sub
```
定义输出数组子过程 putdata()：
```
Public Sub putdata(a%())
  Dim i%
  Print
  Print "排序后数组各元素的值"
  For i=LBound(a()) To UBound(a())
    Print a(i);
  Next i
End Sub
```
主调事件过程：
```
Private Sub Form_click()
  Dim b%(10)
  Call getdata(b())
  Call sort(b())
  Call putdata(b())
End Sub
```
运行结果如图 5-12 所示。

图 5-12 案例 5.7 的运行界面

上面的程序通过定义 getdata、sort、putdata 三个子过程，分别实现了数组元素的产生、排序、输出。在主调过程中，任给一个定义了大小的数组 b，分别调用这 3 个过程，调用时发生数组作参数的传递问题，即 b 的首地址传递给被调过程中的 a。

5.4 过程的作用域

在讨论过程的形参变量时曾经提到，形参变量只有在被调用时才分配内存单元，调用结束立即释放。这一点表明形参只有在过程内是有效的，离开这个过程就不能再使用了。这种变量的使用范围称为变量的作用域。不仅对于形参，在 Visual Basic 程序中，所有的变量名和过程名由于声明时使用了不同的关键字和声明在不同的位置，以至于它们所使用的范围都不同。

从前面 Sub 和 Function 过程的定义中，发现它们不仅可以在窗体模块中定义，也可以在标准模块中定义。定义时可以选用 Private、Static 和 Public 关键字，来决定它们能被调用的范围，这个范围就是过程的作用域。

在 Visual Basic 中，过程的作用域可以分为窗体/模块级和全局级两种过程。

1. 窗体/模块级

窗体/模块级过程指的是在定义时使用了关键字 Private、Static，该过程只能被定义它的窗体模块、标准模块中的过程所调用。

2. 全局级

全局级过程指的是定义过程时使用了 Public 关键字，该过程不仅能被定义它的窗体模块、标准模块调用，也能被未定义它的其他窗体模块、标准模块调用。

具体的声明方式和使用规则如表 5-2 所示。

表 5-2 不同作用域范围过程声明及使用规则

作用范围	窗体/模块级过程	全局级过程	
		窗体	模块
声明方式	Private、Static	Public	Public
声明位置	窗体/标准模块	窗体	模块
能否被本模块的其他过程调用	能	能	能
能否被其他模块调用	不能	能，但是过程名前加 Public 过程所在的窗体名	能

3. 过程作用域应用实例

【案例 5.8】设计两个窗体，然后调用同一个 Sub 过程，给每个窗体加载不同的背景图片，同时在窗体上输出各自窗体的 Caption 属性值。

案例分析

根据题意，两个窗体都需要调用同一个 Sub 过程，则需要定义一个公共的 Sub 子过程，它可以定义在两个窗体中的任何一个窗体中，也可以定义在标准模块中。设置背景图片时，调用子过程 load()即可，Form1.Caption="过程的作用域 Form1"；Form2.Caption="过程的作用域 Form2"。

案例设计

请读者根据案例分析建立窗体，并进行属性设置。

案例实现

在标准模块中定义给窗体加载背景图片的 load()子过程：

```
Public Sub load(ByVal j%, ByVal s$)
  Dim j%
  If j=1 Then
    Form1.Picture=LoadPicture(App.Path+"\1.jpg")
    Form1.Print Tab(7); s
  Else
    Form2.Picture=LoadPicture(App.Path+"\2.jpg")
    Form2.Print Tab(7); s
  End If
```

```
End Sub
```
在窗体 Form1 中调用 load()子过程：
```
Private Sub Form_click()
    Dim i%, str As String
    i=1
    str=Form1.Caption
    Call load(i, str)
End Sub
Private Sub Form_DblClick()
    Form1.Hide
    Form2.Show
End Sub
```
在窗体 Form2 中调用 load()子过程：
```
Private Sub Form_click()
    Dim i%, str As String
    i=2
    str=Form2.Caption
    Call load(i, str)
End Sub
Private Sub Form_DblClick()
    Form2.Hide
    Form1.Show
End Sub
```
运行结果如图 5-13 所示。

图 5-13　案例 5.8 的运行结果

经验交流

　　虽然每个窗体/模块中的事件过程可以调用全局过程，但过多的调用会降低模块的独立性，同时会给程序的运行带来许多意想不到的隐患。因此，良好的编程习惯要求：窗体/模块级过程能够实现的功能，绝不使用全局级过程来实现。

5.5　过程的嵌套和递归

5.5.1　过程的嵌套和递归引例

　　在定义子过程 Sub 和函数过程 Function 时，定义过程相互独立，各不影响。但是在调用过程时，经常会碰到两个或者两个以上过程的嵌套，即在一个过程的定义中出现了对另一过程的调用，这样的情况，是一层一层往里调用，返回时一层一层往外返回，因为里层函数的结果是外层函数的参数。
　　通过对案例 5.9 的学习，使学生掌握过程的嵌套调用和过程的递归调用，以及两者的区别。

【案例 5.9】编写程序，计算 s=22!+32!。

案例分析

本案例编写两个函数过程，一个是用来计算某个数平方值的阶乘的函数 f1()，另一个是用来计算阶乘的函数 f2()。主事件过程先调用 f1() 计算出平方值，然后以平方值为实参，调用 f2() 计算阶乘，然后返回 f1()，再返回主调事件过程，最后实现累加。

在定义函数 f1() 和 f2() 时，参数均为长整形 Long，这是因为阶乘后数值很大，否则会出现溢出错误。

案例设计

程序的执行流程如图 5-14 所示。

图 5-14 过程嵌套调用执行流程

案例实现

定义平方、阶乘函数 f1()：
```
Private Function f1(x%) As Long        '定义计算某数的平方值的阶乘的函数 f1()
    Dim k%
    k=x*x
    f1=f2(k)
End Function
```
定义阶乘函数 f2()：
```
Private Function f2(n%) As Long        '定义求阶乘值的函数 f2()
    If n=1 Then
        f2=1
    Else
        f2=n*f2(n-1)
    End If
End Function
```
主调事件过程：
```
Private Sub Form_Click()
    Dim s As Long
    s=f1(2)+f1(3)
    Form1.Print "f1(2)+f1(3)="; s
End Sub
```
运行结果如图 5-15 所示。

图 5-15 案例 5.9 的运行结果

案例归纳

上面的程序定义了两个函数 f1() 和 f2()，在主事件过程中，先调用 f1()，获得的平方结果作为 f2() 的参数，然后再嵌套调用 f2()，得到最后的结果。本例使用了函数过程的嵌套调用和递归调用。

5.5.2 过程嵌套调用

所谓"过程的嵌套调用",就是在 Visual Basic 程序的事件过程中,调用一子过程(或者函数过程),而在子过程中又调用另外的子过程(或者函数过程),这种程序结构就称为过程的嵌套调用。这种嵌套关系可以嵌套多层,这样的程序执行流程如图 5-16 所示。

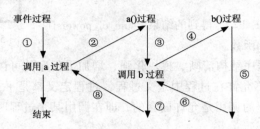

图 5-16 过程的嵌套执行流程

【案例 5.10】编程求式 $1^k+2^k+3^k+\cdots+n^k$ 的值,其中 k 为整型常量,n 为一自然数。

案例分析

通过对问题进行分析,发现表达式中反复求 i^k($1 \leqslant i \leqslant n$)的值,因此可以编制一函数过程 powers()实现此功能。另外,在表达式中求和也是一个迭代过程,因此可以编制函数 sum_of_powers() 完成,但 sum_of_powers()中要用到 n^k 的值,因此就出现了函数过程的嵌套调用。

案例设计

根据案例分析,画出程序的执行流程。

案例实现

定义 n^k 的函数 powers():

```
Private Function powers(ByVal j&) As Long
    Dim i%,y&
    y=1
    For i=1 To 2
        y=y*j
    Next i
    powers=y
End Function
```

定义求和函数 sum_of_powers():

```
Private Function sum_of_powers(n%) As Long
    Dim i%, y&
    y=0
    For i=1 To n
        y=y+powers(i)
    Next i
    sum_of_powers=y
End Function
```

主调事件过程:

```
Private Sub Form_click()
```

```
Dim s&
s=sum_of_powers(10)
Print "sum_of_powers(10)="; s
End Sub
```
运行结果如图 5-17 所示。

图 5-17 案例 5.10 的运行结果

案例归纳

上面的程序是在 n=10, k=2, 得到的结果。sum_of_powers() 函数中 10 次调用 powers(i)函数。

函数的嵌套调用使程序结构清晰、模块化强，增加了程序的可读性。Visual Basic 中过程的定义不允许嵌套，即不允许在过程中定义过程，过程定义都是平行的、独立的，过程之间是通过调用联系的。过程的调用是允许嵌套的，即在调用某个过程时，还允许调用其他过程。

经验交流

符号常量的使用可以增加程序的可读性，同时也可降低程序调试的难度。比如本案例中，若需改变 n、k 的值，只需修改符号常量即可，而不需要对程序的其他代码进行任何修改。读者不妨试着改写程序。

5.5.3 过程递归调用

1. 递归实例

【案例 5.11】编写程序，求阶乘 fac(n)=n! 的递归函数。

n! 的数学表达式为：$n! = \begin{cases} 1 & (n=0,1) \\ n \times (n-1)! & (n>1) \end{cases}$

案例分析

在求阶乘问题中，n! 可以转换为 $n \times (n-1)!$，而求(n-1)!是求 n!的问题的简化，处理方法类似，这符合递归调用的第一个条件"递推"；按上述方法一直分解下去，最终变成求 1! 或 0!，而 1! 和 0! 的值都已知，为 1，这又符合递归调用的第二个条件"回归"，即递归调用可以结束。所以，阶乘问题可以使用递归调用方法求解。

案例设计

阶乘 fac 的函数过程程序流程图如图 5-18 所示。

案例实现

定义求阶乘的函数 fac：
```
Public Function fac(n As Integer) As Long
  If n=1 Then
    fac=1
  Else
    fac=n*fac(n-1)
  End If
End Function
```
主调事件过程：
```
Private Sub Command1_Click()         '调用递归函数，显示出 fac(m)
```

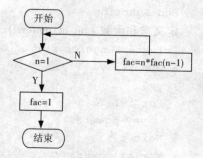

图 5-18 案例 5.11 的程序流程图

```
Dim m As Integer
m=Val(InputBox("请输入阶乘的级数", "计算阶乘"))
Print "fac("; m; ")=", fac(m)
End Sub
```
运行结果如图 5-19 所示。

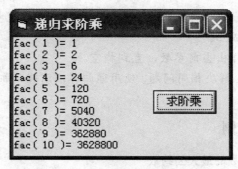

图 5-19 案例 5.11 的运行结果

经验交流

案例 5.11 并不能求出所有整数的阶乘。因为 fac 是一个 long 型整数，在机器中占用 4 个字节，其表示的数的范围为-2 147 483 648~2 147 483 647，当 n 值超过 12 时将发生数据溢出。读者可修改程序代码，排除程序中的溢出问题。

2．递归概念

在 Visual Basic 事件过程中调用某一过程，而这个过程的定义内部又不停地调用自己，这样用自身的结构来描述自身，称为过程的递归调用。它是一种解决问题的方法或算法，常用在阶乘、级数、指数、求最大公约数、高次方程求解等方面。

根据不同的调用方式，递归调用又分为直接递归调用和间接递归调用。直接递归调用是指在过程定义的语句中，存在着调用本过程的语句。间接递归调用是指在不同的过程定义中，存在着相互调用过程语句的情况。直接递归和间接递归调用的形式如图 5-20 所示。

实际应用中不是所有的问题都可以采用递归调用的方法，只有满足下列要求的问题才可以使用递归调用方法解决：

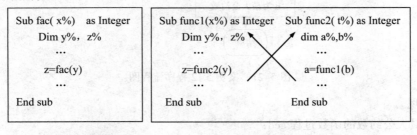

(a) 直接递归调用　　　　　　(b) 间接递归调用

图 5-20 递归调用方式

① 要存在一个递推关系，即可以将一个问题转化为一个或若干个与之类似但复杂度要小的其他问题；即能用递归形式表示，且递归向终止条件发展。

② 要有一个结束递归的条件和结束时的值,即这种转化不能无限制地进行下去。

只有这种将问题转化为性质相同且较简单的子问题,才能以递归方式来求解子问题。

说明:

递归问题分为递推和回归两个过程,一般用栈来实现。

- 递推过程:每调用一次自身,把当前参数(形参、局部变量、返回地址等)压入栈,直到递归结束条件成立。
- 回归过程:从栈中弹出当前参数,直到栈空。
- 递归算法设计简单,解决相同问题,使用递归算法消耗的机时和占据的内存空间要比使用非递归算法大。

5.5.4 递归综合应用实例

【案例 5.12】求两个整数的最大公约数。

案例分析

根据题意,定义一个求两个数的最大公约数的函数过程 gcd。在函数过程中,m 用 n 整除,如果余数为 0,则 n 为最大公约数;否则 m=n, n= m Mod n,然后 gcd 自己调用自己。递推结束条件是:m Mod n = 0。

案例设计

程序流程图如图 5-21 所示。

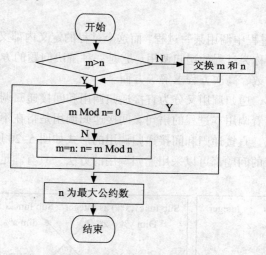

图 5-21 案例 5.12 程序流程图

案例实现

定义求最大公约数的函数过程 gcd:

```
Public Function gcd(m As Integer, n As Integer) As Integer
    If (m Mod n)=0 Then
        gcd=n
    Else
        gcd=gcd(n, m Mod n)
```

```
  End If
End Function
```
主调事件过程：
```
Private Sub Form_Click()
  Dim x%, y%
  x=Val(InputBox("输入第一个数",, 10))
  y=Val(InputBox("输入第二个数",, 4))
  Print "第一个数是: ", x
  Print "第二个数是: ", y
  Print "两数的最大公约数是: "; gcd(x, y)
End Sub
```
运行结果如图 5-22 所示。

【**案例 5.13**】利用二分法查找关键字 key 在数组 b()中所处的下标值。

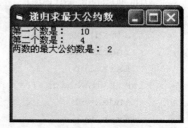

图 5-22　案例 5.12 的运行结果

案例分析

"二分法查找"就是将一批数据存放在数组中，并使数组中的数据按升序或者降序排列。将所要查找关键字 key 与数组的中间结点的值进行比较，然后判断是否找到；或者可以确定在数组的上半部或者下半部，取其一半，缩小查找区间，继续比较；重复多次，直到找到或者没找到为止。

根据题意，定义一个二分法查找关键字 key 的子过程 birsearch。在这个过程定义中，每次用 key 和区间中间结点的值比较，如果找到，则返回结点下标；否则重新确定区间的上、下界，然后自己调用自己 birsearch，最后返回结果 index = mid。如果没有找到，以 index = -1 作为结果返回。

案例设计

二分法查找的程序流程图如图 5-23 所示。

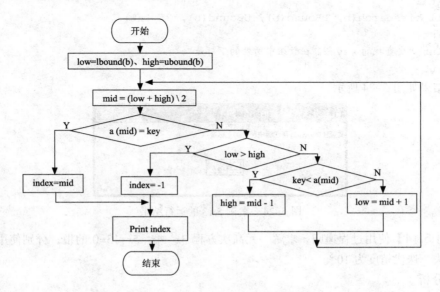

图 5-23　案例 5.13 的程序流程图

案例实现

二分法查找的代码段:

```
Option Base 1                                '通用声明段
```

定义二分法查找关键字 key 的子过程 birsearch:

```
Private Sub birsearch(a(), ByVal low%, ByVal high%, ByVal key, index%)
    Dim mid As Integer
    mid=(low+high)\2                         '取查找区间的中点
    If a(mid)=key Then
        index=mid                            '查找到,返回查找到的下标
        Exit Sub
    ElseIf low>high Then                     '二分法查找区间无元素,查找不到
        index=-1
        Exit Sub
    End If
    If key<a(mid) Then                       '查找区间在上半部
        high=mid-1
    Else
        low=mid+1                            '查找区间在下半部
    End If
    Call birsearch(a, low, high, key, index) '递归调用查找函数
End Sub
```

主调事件过程:

```
Private Sub Command1_Click()                 '主调程序
    Dim b() As Variant
    b=Array(5, 13, 19, 21, 37, 56, 64, 75, 80, 88, 92)
    For i=LBound(b) To UBound(b)
        Print b(i);
    Next i
    Call birsearch(b, LBound(b), UBound(b), 21, n%)
    Print
    Print "要查找的 key=21 在数组中所处的下标是"; n
End Sub
```

运行结果如图 5-24 所示。

图 5-24 案例 5.13 的运行结果

【案例 5.14】使用过程递归,求解一元高次方程 $3x^3-4x^2-5x+13=0$ 的根,分别使用牛顿迭代法和二分法,迭代精度为 10^{-5}。

案例分析

一般求解一元高次方程常采用的方法有:牛顿迭代法、二分法和弦截法等。

（1）牛顿迭代法（也叫牛顿切线法）

牛顿切线法的算法思想是：设 r 是 $f(x)=0$ 的根，选取 x_0 作为 r 初始近似值，过点（$x_0,f(x_0)$）做曲线 $y=f(x)$ 的切线 L，L 的方程为 $y=f(x_0)+f'(x_0)(x-x_0)$，求出 L 与 x 轴交点的横坐标 $x_1=x_0-f(x_0)/f'(x_0)$，称 x_1 为 r 的一次近似值。如果|$f(x_1)-0$|小于指定的精度，那么继续过点（$x_1,f(x_1)$）做曲线 $y=f(x)$ 的切线，并求该切线与 x 轴的横坐标 $x_2=x_1-f(x_1)/f'(x_1)$，称 x_2 为 r 的二次近似值。重复以上过程，得 r 的近似值序列{x_n}，其中 $x_{n+1}=x_n-f(x_n)/f'(x_n)$，称为 r 的 $n+1$ 次近似值。根据上述思想，可以归纳出求 $f(x)$ 在 x_0 附近的根的公式，即牛顿迭代公式。

计算公式：$x_{n+1}=x_n-f(x_n)/f'(x_n)$，

精度：$\varepsilon=|x_{n+1}-x_n|<10^{-5}$，

所求的根：满足精度的 x_n。

（2）二分法

二分法求根的算法思想是：任取两点 x_1 和 x_2，判断（x_1,x_2）区间内有无实根。如果 $f(x_1)$ 和 $f(x_2)$ 符号相反，说明（x_1,x_2）之间有一实根。取（x_1,x_2）的中点 x，检查 $f(x)$ 和 $f(x_1)$ 是否同符号，如果不同号，说明实根在（x_1,x）区间，x 作为新 x_2，舍弃（x,x_2）区间；若同号，则实根在（x,x_2）区间，x 作为新 x_1，舍弃(x_1,x)区间。再根据新的 x_1、x_2 找中点，重复上述步骤，直到|x_1-x_2|<10^{-5} 时，$x=(x_1+x_2)/2$ 为所求根。

（3）弦截法

用弦截法求解一元高次方程也是典型的递归问题，读者可根据所学内容自行完成。

案例设计

切线法和二分法的程序流程图请读者自行完成。

案例实现

定义牛顿切线法求根的子过程 newton1：
```
Public Sub newton1(ByVal x0#, x#, ByVal eps#)    '迭代初值x0,求得的根x,精度eps
    Dim fx As Double, f1x As Double
    fx=3*x0*x0*x0-4*x0*x0-5*x0+13
    f1x=9*x0*x0-8*x0-5
    x=x0-fx/f1x
    If Abs(x-x0)<eps Then Exit Sub
    x0=x
    Call newton1(x0, x, 0.00001)
End Sub
```
定义二分法求根的子过程 newton2：
```
Public Sub newton2(ByVal a#, ByVal b#, c#, ByVal eps#)
    '迭代初值a、b,求得的根c,精度eps
    Dim fa As Double, fb As Double, fc As Double
    If Abs(a-b)<=eps Then Exit Sub
    c=(a+b)/2                              '为下一次迭代做准备
    fa=3*a*a*a-4*a*a-5*a+13
    fc=3*b*b*b-4*b*b-5*b+13
    If fa*fc<0 Then
        b=c
    Else
```

```
        a=c
    End If
    Call newton2(a, b, c, 0.00001)
End Sub
```
主调事件过程：
```
Private Sub Command1_Click()
    Dim root#
    Call newton1(3#, root, 0.00001)
    Print "牛顿切线法求得方程的解是：", " x="; root    '显示求得的高次方程根
End Sub
Private Sub Command2_Click()
    Dim root#
    Call newton2(-2, 2, root, 0.00001)
    Print "牛顿二分法求得方程的解是：", " x="; root    '显示求得的高次方程根
End Sub
```
运行结果如图 5-25 所示。

图 5-25　案例 5.14 的运行界面

习　题

一、简答题

1. 什么是函数过程和子过程？两者有什么区别？
2. 什么是实参和形参？两者有什么区别？
3. 参数传递的两种方式是什么？有什么区别？
4. 过程的作用域对过程的调用有什么限制？
5. 过程的递归在使用时应注意什么？

二、选择题

1. 下面的过程定义语句中，（　　）是合法的。
    A. Function Sub1(Sub1)   B. Function Sub1(ByVal n)
    C. Sub Sub1(Sub1)   D. Sub Sub1(n) As Integer

2. 在主调事件过程中，通过参数传递将一个参数传递给子过程 Area，并返回一个结果。下列子过程定义中正确的是（　　）。
    A. Sub Area (m+1, n+2)   B. Sub Area (byval m!,byval n!)
    C. Sub Area (byval m!, n+2)   D. Sub Area (byval m!, n!)

3. 若要编写一个 Sub 子过程，并在多个窗体中访问这个过程，最好应将它放在（　　）中。
    A. 标准模块   B. 窗体   C. 类模块   D. 以上都不可以

4. 假定有如下的 Sub 过程，在窗体上画一个命令按钮和两个文本框（其 Name 属性分别为 Text1 和 Text2），然后编写如下事件过程：
```
Sub fun(x As Single,y As Single)
  t=x
  x=t\y
  y=t Mod y
End Sub
Private Sub Command1_Click()
  Dim a As Single,b As Single
  a=Int(Text1.Text)
  b=Int(Text2.Text)
  Call fun(a,b)
  Print a,b
End Sub
```
程序运行时在两个文本框中分别输入 5、6，单击命令按钮，输出结果为（   ）。
A. 5 6   B. 0 5   C. 1 4   D. 1 2

5. 读下面的程序段，试问窗体上最后输出的结果是（   ）。
```
Function FirProc(x As Integer,y As Integer,z As Integer)
  FirProc=2*x+y+3*z
End Function
Function SecProc(x As Integer,y As Integer,z As Integer)
  SecProc=FirProc(x,y,z)+x
End Function
Private Sub Command1_Click()
  Dim a As Integer,b As Integer,c As Integer
   a=2:b=3:c=4
  Print SecProc(c,b,a)
End Sub
```
A. 21   B. 19   C. 17   D. 34

三、填空题

1. 有如下程序段，该程序运行的结果是_____，函数过程实现的功能是_____。
```
Public Function f(ByVal n%, ByVal r%)
  If n<>0 Then
    f=f(n\r,r)
    Print n Mod r;
  End If
End Function
Private Sub Command1_Click()
  Print f(100, 8)
End Sub
```

2. 程序运行后，得出的结果依次是_____。
```
Private Sub Form_Click()
  s=fn(1)+fn(2)+fn(3)
  Print s
End Sub
Private Function fn(t As Integer)
  Static temp
```

```
            temp=temp+t
            fn=temp
        End Function
```
3. 有如下程序段，问单击 Command1 后程序输出的结果是_____。
```
        Private Sub Command1_Click()
            Dim a, b
            a=10:b=20
            Call mult((a), b)
            Print a; b
        End Sub
        Private Sub mult(ByRef x As Variant, y As Variant)
            x=x*2
            y=y*3
        End Sub
```
4. 在窗体上放置一个命令按钮和两个文本框，单击"求和"按钮，求 1+2+3+…+x 的值，并将所求值显示在文本框 Text2 中，x 的值通过 Text1 来获取。请将下面的程序补充完整。
```
        Private Function sum (Byval n%) As Integer
            Dim i%,s%
            s=0
            For i=1 To n
            s=s+i
            Next i
            _____
        End Sub
        Private Sub Command1_Click()
            Dim x%
            x=Val(Text1.Text)
            Text2.Text=_____
        End Sub
```
5. 同 Visual Basic 内部标准函数 Replace()一样，MyReplace(S，OldS，NewS)函数用 NewS 子字符串替换在 S 字符串中出现的 OldS 子字符串，使程序完整。例如，当调用 MyReplace("abcdefgabcdecd"，"cd"，"3")时，函数的返回值为"ab3efgab3e3"。请把下面的程序段补充完整。
```
        Public Function MyReplace(s$, OldS$, NewS$) As String
            Dim i%, lenOldS%
            lenOldS=Len(OldS)              '取 OldS 字符子串长度
            i=InStr(_____)                '在字符串中找有否 OldS 字符子串
            Do While i>0                   '找到用 NewS 字符子串替换 OldS 字符子串
              s=_____+NewS + Mid(s, i+lenOldS)
              i=InStr(s, OldS)             '找下一个 OldS 字符子串
            Loop
            MyReplace=_____               '替换后的字符串赋值给函数过程名
        End Function
```
四、编程题
1. 用函数的方法求 100 以内的完数，返回值是逻辑型，结果显示为这样的格式：6=1+2+3。

提示：创建函数过程 isws(m As Integer) As Boolean 判断 m 是否为完数。

2. 在窗体上放置按钮 Command1，当单击按钮时，调用 ChangeForm 子过程，实现对窗体的 Caption 属性赋值。

提示：创建子过程 ChangeForm(FormTitle As String)，用窗体标题 FormTitle（字符串类型）作为参数。

3. 创建函数过程 YourAge()，假设你的生日是 1978 年 9 月 6 日，可以调用此函数来计算年龄，并在窗体上显示年龄。

4. 编写一个函数过程，计算：$1+1/2+1/3+\cdots+1/n$。

5. 编一子过程 Maxlength(s,Maxword)，在已知的字符串 s 中找出最长的单词 Maxword。假定字符串 s 内只有字母和空格，以空格分隔不同的单词，字符串 s 在 Text1 输入，在 Text2 中显示最长单词。

提示：创建子过程 Maxlength(s As String, Maxword As String)

第 6 章 Visual Basic 界面设计

本章讲解
- 基本控件。
- 菜单的创建与编辑。
- 工具栏的创建与编辑。
- 通用对话框的创建与编辑。

作为一种面向对象编程语言，Visual Basic 程序设计过程中的界面设计是非常重要的，因为应用程序所展示给用户的就是界面。本章主要介绍在界面设计过程中经常用到的基本控件、菜单、工具栏及通用对话框的基本用法。

6.1 基 本 控 件

基本控件又称内部控件，是默认出现在工具箱中的控件。本书第 2.4 节中介绍的标签、文本框、命令按钮，以及本节将要介绍的单选按钮、复选框、框架、组合框、列表框、时钟控件、滚动条等，都属于 Visual Basic 基本控件。

除了基本控件外，Visual Basic 还有另外两类控件：ActiveX 控件和可插入的对象。ActiveX 控件是存储在扩展名为.ocx 的独立文件中的控件，其中包括各种版本 Visual Basic 提供的控件（如 DataCombo、DataList 等）与仅在专业版和企业版中提供的控件（如 ListView、TreeView、Toolbar 和 Animation 等），另外还有许多第三方提供的 ActiveX 控件。而一个 Microsoft Excel 工作表对象，或者一个 Microsoft Project 日历对象等，都属于可插入对象。因为这些对象能添加到工具箱中，所以可把它们当作控件使用。其中，一些对象还支持 OLE 自动化，使用这种控件，就可在 Visual Basic 应用程序中编程控制另一个应用程序的对象。

先来分析一个包含组合框、列表框、单选按钮、复选框、框架、时钟控件、进度条等基本控件的"家校联系"应用程序实例。

问题描述如下：设计一个"家校联系"小应用程序，实现以下功能：① 提供一些关于"家长阅读"的文本内容；② 可产生一个问卷调查表供用户填写；③ 可滚动欣赏学生创作的一些美术作品。

部分运行界面如图 6-1、图 6-2 所示。

通过界面演示，读者可看到这个应用程序包含三重窗体，分别是"家校联系""问卷调查"和

"学生作品"窗体,其中"家校联系"为主控窗体,通过其中的菜单可进入另外两个窗体界面,而另外两个界面又可通过控制按钮回到主控界面;"问卷调查"窗体用到的控件有文本框、标签、命令按钮、组合框、列表框、单选按钮、复选框、框架,"学生作品"窗体主要用一个时钟控件控制多张图片的滚动显示。

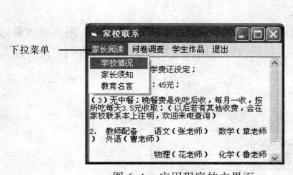

图 6-1 应用程序的主界面   图 6-2 "问卷调查"的运行界面及控件标识

下面将针对本例的设计过程,逐一介绍各窗体及控件的使用。

为了便于理解,这里把案例中 Form2 "问卷调查"窗体中各控件加上分组标号,如图 6-2 所示。

6.1.1 单选按钮、复选框、框架

在图 6-2 中分组④为 3 个单选按钮控件(OptionButton),分组⑤为 6 个复选框控件(CheckBox),它们由两个框架控件(Frame)分为两组,分别组成某一件事情的几个关联选项。由图 6-2 可知,"是否请了家教"的情况只能在给出的 3 种情况中选一,故使用单选按钮;而"与孩子一起时的话题"可能不止一种答案,故用复选框。这是两道独立的选择题,所以分别放在两个框架控件里。要设计出友好的用户界面,单选按钮和复选框是经常用到的两种控件。下面给出一个常见的"选择题"例子,读者便会很容易理解这 3 种控件的功能及应用。

【案例 6.1】试卷界面设计,要求实现单选题及多选题的功能,考生答完后,可自动评分。运行界面如图 6-3 所示。

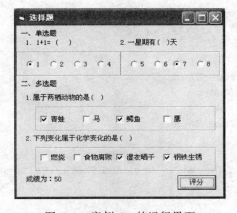

图 6-3 案例 6.1 的运行界面

案例分析

单选题和多选题分别用单选按钮和复选框控件实现。由于每道题与其余题目选项的选择没有关联，所以应该用框架控件把一道题的所有选项与其余题目的选项加以分离。当考生答完后，可通过查看单选按钮或复选框的相关属性统计得分。

案例设计

（1）界面设计

作为教学案例，本题设计两道单选题和两道多选题，每道题目设 4 个可选项，用户通过鼠标选择其中某项。四道题分别用到 4 个框架控件，题目内容可用标签控件实现。考虑到用户界面友好性，使用按钮的单击事件实现评分。

（2）算法设计

本例涉及的代码为"评分"按钮的单击事件，N-S 图如图 6-4 所示。

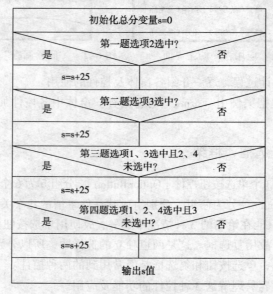

图 6-4　案例 6.1 的 N-S 图

案例实现

代码如下：
```
Private Sub Command1_Click()
  Dim s As Integer
  s=0
  If Option2.Value=True Then
    s=s+25
  End If
  If Option7.Value=True Then
    s=s+25
  End If
If Check1.Value=1 And Check3.Value=1 And Check2.Value=0 And Check4.Value=0 Then
    s=s+25
  End If
  If Check5.Value=1 And Check6.Value=1 And Check7.Value=0 And Check8.Value=1 Then
```

```
    s=s+25
  End If
  Label7.Caption = "成绩为: " & s
End Sub
```

相关知识讲解

单选按钮和复选框在运行模式下都可通过鼠标单击改变其选中与否的状态,但两种控件又有所区别,现归纳如下:

(1) 单选按钮

单选按钮常用的属性如下:

① Value 属性:它的两种值 True、False 分别控制单选按钮的选中与否两种状态,可通过在设计模式的属性窗口中设置其值为 True 或运行模式下执行 Option1.Value = True 语句两种方式,使单选按钮为选中状态。

② Enabled 属性:设置单选按钮是否可用,当其值设为 False 时,按钮控件为灰色显示,不接受任何事件。

③ Style 属性:用于设置单选按钮的外观:
- Standard:标准按钮显示形式。
- Graphical:按钮显示形式,单击时按钮下沉,表示被选中。

(2) 复选框

与单选按钮不同,复选框之间不具有互斥性。Value 属性有 3 种取值:
- Uncheked:未选中,默认值。
- 1-Checked:选中。
- 2-Grayed:选中且禁用。

(3) 框架

框架控件可看作一个控件载体。从视觉或功能需求方面,窗体上的控件往往需要将其分组,此时就要用到框架控件。具体方法是:先在窗体上添加一个框架控件,然后在框架内逐个添加其余相关的控件。此时拖动框架,便会带动框架内其余控件一起移动。

单选按钮和复选框也可响应鼠标单击事件,来完成指定功能。用户单击某一单选按钮后,该控件为"选中"状态,其 Value 值置为 True,同时同组的其余单选按钮自动变为"未选中"状态。用户单击某一复选框时,该复选框的状态在"选中"与"未选中"状态间切换,不会影响其余复选框的状态。

【**案例 6.2**】显示所选项的具体信息。3 个选项分别对应 3 个人,单击某一项后,在其右边显示此人的籍贯。

案例分析

问题涉及的是多个选项,且任何时刻只允许选择其中一项,应该用单选按钮。

案例设计

3 个单选按钮的单击事件分别显示各自的相关信息,需要分别对每个单选按钮的单击事件编程,再用一个文本框或标签控件显示这些信息。

案例实现

所用控件及其属性设置如表 6-1 所示,运行界面如图 6-5 所示。

表 6-1 案例 6.2 属性设置

控件名称	属性名称	属性值
Option1	Value	李小丽
Option2	Value	王白帆
Option3	Value	宋二红
Label1	Caption	籍贯：
Text1	Text	
	Enabled	False

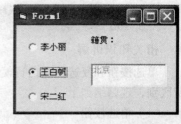

图 6-5 案例 6.2 的运行界面

6.1.2 列表框、组合框

组合框和列表框用于显示并列项目的控件，用户可查看、选择甚至编辑项目内容。在图 6-2 中，控件分组②、③分别用到了组合框和列表框。分组②是一个标签控件和一个组合框（ComboBox），程序在设计模式下已经通过属性设置将指定的 5 个选项一一添加到组合框中，运行模式下用户单击组合框右侧下三角，就会出现包含所设 5 个选项的下拉列表框，通过鼠标单击可选择其中一项。分组③用到两个列表框控件（ListBox）和一个命令按钮控件，用户选中左边列表框中的一项，然后单击中间的命令按钮，可无重复地将该项添加到右边的列表框中。实现过程如下：

① 在窗体适当位置添加两个列表框控件 List1、List2，以及一个命令按钮控件 Command1。

② 属性设置。单击 List1 控件，将光标定位于其属性窗口中 List 一行，右边项会出现下拉三角按钮，单击此按钮，打开一个下拉列表框，在此列表框中输入列表框要显示的每一项。属性窗口如图 6-6 所示。

图 6-6 列表框属性设置对话框

注意：每一项输入结束后，按【Ctrl+Enter】组合键开始输下一项。全部输完后，按【Enter】键确认结束。

③ 事件过程编程。代码如下：

```
Private Sub Command1_Click()
  Dim a As String, i As Integer, flag As Integer
  a=List1.Text                    '选中一项内容并赋给 a
  flag=0                          '标志变量
  For i=0 To List2.ListCount      '在 List2 中查找该项
    If a=List2.List(i) Then
      flag=1                      '找到标志,此项已存在
    End If
  Next i
  If flag=0 Then
    List2.AddItem a               '不存在,则添加此项
  End If
End Sub
```

1. 列表框

列表框控件中显示的项目可通过属性设置添加，也可通过程序代码添加。如果项目数超过列表框所能显示的数目，将自动添加垂直滚动条。

（1）主要属性

① ListCount 属性：返回列表框中项目的数目。在图 6-6 中，列表框添加了 8 个项目，则执行语句：

`a=List1.ListCount`

后，结果为 a = 8。

② List 属性：列表框中的项目实际上是以名为 List 的数组的形式存放和管理的，List 数组下标范围为 0～ListCount-1。其中，List.List(i)的值可通过设计模式下在属性窗口设置 List 值得到，也可在运行模式下执行一条赋值语句得到：

`List1.List(i)="aaa"`

例如，如下代码段：

```
For i=0 To 3
  List1.List(i)="第" & i & "天"
  s=List1.List(i)
  Print tab(3); s
Next i
```

运行结果如图 6-7 所示。注意循环体中两条赋值语句的功能。

③ ListIndex 属性：此属性只在运行模式下有效，返回运行模式下当前列表框中选定项目的下标值，若没有选定任何项目，ListIndex 返回值为-1。如当前选定列表框中第 2 项，则 List1.ListIndex 值为 1（下标从 0 开始），即 List1.List(1)与 List1.List(List1.ListCount)值相同，都为当前选中的第 2 项的值。

④ Text 属性：返回运行过程中选中项的文本值。若未选中，则其值为空；选中某一项时，List.Text 的值就是 List1.List(List1.ListIndex)的值。

下面举例说明列表框控件的 Text、ListIndex 和 ListCount 这 3 个属性的区别。例如，窗体上添加一个列表框 List1 和 3 个命令按钮 CmdCount、CmdIndex、CmdText。List1 属性设置如图 6-8 所示。

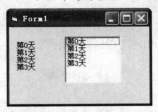

图 6-7　运行结果图

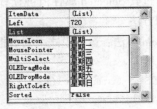

图 6-8　属性设置

在代码窗体写入代码：

```
Private Sub CmdCount_Click()
   Print List1.ListCount
End Sub
Private Sub CmdIndex_Click()
   Print List1.ListIndex
   Print List1.List(List1.ListIndex)
End Sub
```

```
Private Sub CmdText_Click()
   Print List1.Text
End Sub
```
依次从上至下单击 3 个命令按钮的运行结果如图 6-9 和图 6-10 所示。

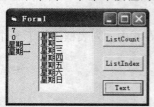
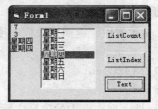

图 6-9　未选中任何一项运行结果　　　图 6-10　选中"星期四"的运行结果

⑤ Sorted 属性：设计模式下，该属性值为逻辑类型值，用于设置列表框中各项的排列是否有序。默认值为 False，按照添加的顺序显示各项。

⑥ Style 属性：用于设置列表框的显示样式。
- Stantard：标准样式，默认值。
- CheckBox：每一项为复选框形式。

⑦ MultiSelect 属性：决定用户能否同时选中多项，属性值及其含义如下：
- None：不允许选择多项，每次只能选择列表框中一项默认值。
- Simple：允许用户同时选中列表框中的多项，列表框中的项目类似于复选框，单击时在该项目的选中与未选中两种状态之间切换。
- Extended：允许用户同时选中列表框中的多项，按下【Ctrl】键的同时单击，可在该项的选中与未选中两种状态之间切换。按下【Shift】键同时单击两项，可选中这两项及其之间的所有项。

注意：当用户选中多项时，ListIndex 属性值与 Text 属性值只由最后选定项决定。

⑧ Selected 属性：类似于 List 属性，Selected 属性也是数组形式且值为逻辑类型，若第 i 项状态被选中，则 List1.Selected(i)值为 True，否则其值为 False。因此，对于允许用户选择多项类型的列表框，通过其 Selected 属性值可查看每一项的选中状态。

（2）常用方法

① AddItem 方法：运行模式下列表框可通过调用 AddItem 方法添加项，图 6-8 中属性设置可用下列代码代替。
```
Private Sub Form_Load()
   List1.AddItem "星期一"
   List1.AddItem "星期二"
   List1.AddItem "星期三"
   List1.AddItem "星期四"
   List1.AddItem "星期五"
   List1.AddItem "星期六"
   List1.AddItem "星期日"
End Sub
```
② RemoveItem 方法：运行模式下列表框可通过调用 RemoveItem 方法移除一项。调用语法形

式为：

列表框名.RemoveItem Index

执行语句 List1.RemoveItem 1 后，结果如图 6-11 所示。

③ Clear 方法：清除列表框中所有项目，语句为 List1.Clear。

2. 组合框

组合框相当于文本框与列表框形式的组合。运行模式下，用户不仅可在组合框已有项目中选择，还可在文本框中输入新内容。组合框一般适用于程序只能提供一些建议性选项的情况，一旦用户所需选项在组合框中不存在时，可自行输入。另外，当项目比较多时，为节省窗体空间，也可考虑采用组合框。

图 6-11　RemoveItem 方法执行结果

组合框 Style 属性与列表框控件的 Style 属性有所区别。

（1）下拉式组合框

Style=0（默认），由一个文本框和一个下拉列表框组成。单击下拉列表框并选中一项，同时该项显示于文本框中，用户也可直接在文本框中输入新内容，此时 Text 属性值即为此新值。

（2）简单组合框

Style=1，由一个文本框和一个普通列表框组成。由于列表框始终以展开形式显示，因此需占据较大窗体空间（运行时的尺寸由添加控件时鼠标拖过的尺寸确定）。

（3）下拉式列表框

Style=2，只能选择，不能接收用户输入，相当于一个可伸缩的下拉框。对于窗体空间有限的应用程序，可用下拉式列表框代替列表框。

图 6-12　组合框的 3 种显示风格

3 种显示风格运行效果如图 6-12 所示。

组合框也有 List、ListIndex、ListCount、Text、Sorted 等属性，以及 AddItem、RemoveItem、Clear 等方法，但组合框在任何情况下最多只允许用户选择一个选项，因此没有 MultiSelect 和 Selected 属性。

下面是一个组合框与列表框的综合应用案例。

【案例 6.3】 设计一个 20 名学生的成绩输入、查询应用程序。输入的学生姓名显示在组合框选项列表中，选择某一学生时，列表框显示出该学生三门课程的成绩。

案例分析

组合框可直接接收用户输入，可在此输入学生姓名。姓名输入结束后，可调用输入框接受成绩的输入，用组合框的 KeyPress 事件实现。一个学生的多项信息应保存在用户自定义类型的数组中，以随时读取。

案例设计

（1）界面设计

本例用一个组合框接收姓名的输入和选择，用一个列表框显示选中学生的三门课程成绩，用标签控件显示提示信息。

（2）算法设计

组合框的 KeyPress 事件用于判断是否按【Enter】键确认本次输入结束，若是，则调用输入框开始接收成绩输入，还应考虑过滤用户的重复输入。算法描述如下：
① 判断是否按 Enter 键，是则执行②，否则执行⑧。
② 初始化标志变量 flag=0。
③ 在现有组合框中查找是否已存在当前输入文本，是则执行④，否则执行⑤。
④ 标志位 flag=1。
⑤ 判断 flag 值，若为 0 执行⑥，否则执行⑧。
⑥ 将当前输入项加为组合框的一项。
⑦ 接收输入的三门课程成绩，将组合框新添加项作为新值加至用户自定义学生类型数组尾部。
⑧ 结束。

组合框的单击事件用于显示当前选中学生的三门课程的成绩，程序流程图如图 6-13 所示。

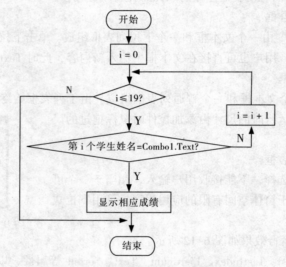

图 6-13 案例 6.3 组合框单击事件的程序流程图

案例实现

（1）界面实现

窗体控件用到一个组合框、一个列表框和一个标签控件，属性设置略。

（2）代码实现

代码如下：

```
Dim stu(20) As stutype
Private Type stutype
  name As String
  chinese As Integer
  math As Integer
  english As Integer         '以上是通用代码段，定义了用户自定义类型 Stutype，声明了
End Type                     '一个模块级的 Stutype 类型的数组
Private Sub Combo1_Click()
  Dim i As Integer
  For i=0 To 19
    If stu(i).name=Combo1.Text Then                    '查找成功
```

```
        List1.Clear
        List1.AddItem "语文:" & stu(i).chinese
        List1.AddItem "数学:" & stu(i).math
        List1.AddItem "英语:" & stu(i).english
        Exit For
      End If
    Next i
End Sub
Private Sub Combo1_KeyPress(KeyAscii As Integer)     '输入新项，回车确认添加
  Dim flag As Integer, i As Integer, j As Integer
  If KeyAscii=13 Then
    flag=0                                            '找到标志
    For i=0 To Combo1.ListCount
      If Combo1.Text=Combo1.List(i) Then
        flag=1                                        '已存在
        Exit For
      End If
    Next i
    If flag=0 Then                                    '不存在,加入组合框选项列表
      j=Combo1.ListCount+1
      Combo1.AddItem Combo1.Text
      stu(j).name=Combo1.Text
      c=InputBox("请输入语文成绩: ")
      stu(j).chinese=c
      m=InputBox("请输入数学成绩: ")
      stu(j).math=m
      e=InputBox("请输入英语成绩: ")
      stu(j).english=e
    End If
  End If
End Sub
```

运行界面如图 6-14、图 6-15 所示。

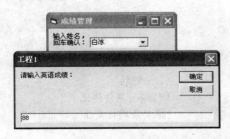
图 6-14　案例 6.3 的成绩输入界面

图 6-15　案例 6.3 的显示成绩界面

案例归纳

从案例中可看到，组合框区别于列表框的主要特点就是运行时可接收用户输入，并能将其加入组合框控件的项目列表中，而列表框只能显示事先指定的项目。

6.1.3 时钟控件、进度条

【案例6.4】 设计一个1分钟定时器。定时开始后,用进度条显示计时进度,并显示当前计时的值。

案例分析

定时功能用时钟控件很容易实现。要使进度条显示计时进度,需要把进度条的行进与时钟控件同步起来,当前计时的值也可根据进度条的进度值得到,通过一个标签控件即可显示。

案例设计

命令按钮的单击事件用于控制计时的开始,即激活时钟控件的Timer事件,并设置该事件每隔1秒执行1次。执行过程中,Timer事件主要用于更新进度条的进度值及显示计时值。事件描述如下:若计时时间到,则停止计时,并置命令按钮可用;否则进度条位移一位,并更新标签显示。

案例实现

(1) 界面实现

启动进入Visual Basic设计模式,在Form1上分别添加一个时钟控件(Timer)、一个水平进度条(HScrollBar)控件、一个标签控件和一个命令按钮。属性设置如表6-2所示。

表6-2 案例6.4属性设置

控件名称	属性名称	属性值
Label1	Caption	
Command1	Caption	1分钟计时
HScrollBar	Min	0
	Max	59
	SmallChange	1
	LargeChange	10

(2) 代码实现

```
Private Sub Command1_Click()
  Timer1.Interval=1000              '每隔1秒触发1次Timer事件
  Label1.Caption="开始计时"
  Command1.Enabled=False
End Sub
Private Sub Timer1_Timer()
  If HScroll1.Value=59 Then          '1分钟到
    Timer1.Interval=0                'Timer事件终止
    HScroll1.Value=0                 '滚动条游标复原
    Label1.Caption="计时停止"
    Command1.Enabled=True
  Else                               '不到1分钟
    HScroll1.Value=HScroll1.Value + 1 '位移量为1
    Label1=HScroll1.Value
  End If
End Sub
```

运行界面如图 6-16 所示。

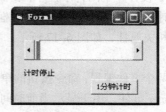

（a）开始计时界面　　　　　　　　（b）停止计时界面

图 6-16　案例 6.4 的运行界面

相关知识讲解

（1）时钟控件

时钟控件可在每个指定时间间隔后执行一次 Timer 事件，主要用于连续发生的、有规律的事件的控制。

时钟控件主要属性是 Interval 属性，用于决定两个连续 Timer 事件的时间间隔，默认值为 0，此时不执行 Timer 事件。当设置为某一非 0 整数 n（$0<n\leqslant 65\,535$）时，进入运行模式后，应用程序自动每隔 n 毫秒执行一次 Timer 事件，直到 Interval 属性变为 0 为止。所以，本例中在"1 分钟计时"命令按钮单击事件中有语句：

Timer1.Interval=1000

该语句的执行激活了时钟控件的 Timer 事件，且每隔 1 秒执行一次，直到第 59 次后执行了语句 Timer1.Interval = 0，Timer 事件才终止。

在"家校联系"程序的"学生作品"窗体中，用时钟控件控制多幅作品的循环展示。这里提供了三幅作品，代码如下：

```
Private Sub Timer1_Timer()
  i=i+1                              'i是模块级变量
  If i=3 Then i=0
  a=i Mod 3
  Select Case a
    Case 0: Picture=LoadPicture(App.Path+"\1.jpg")
    Case 1: Picture=LoadPicture(App.Path+"\2.jpg")
    Case 2: Picture=LoadPicture(App.Path+"\3.jpg")
  End Select
End Sub
```

（2）进度条

进度条可通过其游标滑块的移动，滚动查看大量信息，分为水平进度条和垂直进度条两种。进度条控件的主要属性如表 6-3 所示。

表 6-3　进度条主要属性

属性名称	说　　明
Value	整型数值，用于设置或返回进度条的值，其值与滑块在进度条中的位置有关
Max	指定进度条的最大值
Min	指定进度条的最小值
LargeChange	指定每单击一次进度条空白处滑块的变化大小
SmallChange	指定每单击一次进度条的箭头滑块的变化大小

【案例 6.5】 设计一个闹铃小程序，由用户输入闹铃时间，到时响铃提示。设计模式下，为窗体添加文本框、命令按钮和时钟 3 个对象，并设置相关属性，如图 6-17 所示。

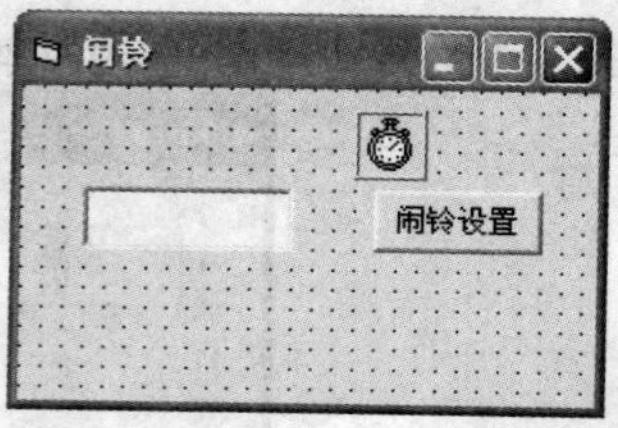

案例分析

本案例对两个事件编程：命令按钮的单击事件，用于启动闹铃；时钟控件的 Timer 事件，用于显示当前时间及识别响铃时间。

图 6-17　案例 6.5 的设计界面

案例实现

代码如下：

```
Private Sub Command1_Click()
  a=InputBox("请输入响铃时间: ")
  Timer1.Interval=1000
End Sub
Private Sub Timer1_Timer()
  Dim i As Integer
  Text1=Time                '显示当前系统时间
  If a=Time Then
    Timer1.Interval=0
    Text1.Text="时间到！"
    For i=1 To 20            '响铃
      Sleep 50
      Beep
    Next i
  End If
End Sub
```

用户单击"闹铃设置"按钮，在弹出的文本框中输入响铃时间后，应用程序通过语句 Timer1.Interval = 1 000 激活 Timer 事件，开始每秒一次执行该事件，直到响铃为止。运行界面如图 6-18 所示。

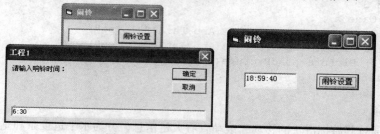

图 6-18　案例 6.5 的运行界面

案例归纳

代码中用到的 a 变量，由于每次事件需要保留原值，所以设置为模块级日期时间类型变量，在通用代码段做了声明。

Time 为返回当前系统时间函数。Sleep 为延时函数，使当前线程等待一段时间，语法形式"Sleep 毫秒数"，这里的毫秒数可以设置成任意整型数据，如 Sleep 1 000，表示延时 1 秒（1 000 毫秒）。

经验交流

用框架控件划分不相关的几组单选按钮，通常可以实现分类选择功能，使其互不影响。

组合框与列表框项目的添加通常可以放在循环结构中,这个循环语句写在 Form_Load 事件中,其效果等同于在属性窗口设置其 List 属性,但可避免重复书写。

6.2 菜　　单

与大多数应用程序一样,Visual Basic 应用程序界面也可添加一组下拉式菜单或弹出式菜单,使用户界面更加友好、直观。Visual Basic 菜单的创建是用菜单编辑器完成的,所以学习案例之前先介绍菜单编辑器的使用。

使用菜单编辑器可以很方便地创建一组新的 Visual Basic 菜单,也可对现有菜单进行编辑。在 Visual Basic 集成开发环境中,选择"工具"→"菜单编辑器"命令,便可打开"菜单编辑器"对话框,如图 6-19 所示。

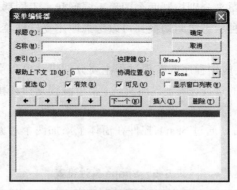

图 6-19 "菜单编辑器"对话框

"菜单编辑器"对话框的上半部分为菜单属性设置区域,菜单可看作特殊的控件,用户可在此设置每一菜单项的基本属性,也可在属性窗口中设置,表 6-4 中说明了各部分的功能。

表 6-4 菜单编辑器窗口中属性功能说明

显示内容	属性名称	功　能　说　明
标题	Caption	菜单项显示在界面上的文本内容,若只输入减号"—"则为分割条菜单项
名称	Name	识别此菜单项的符号串
索引	Index	通过输入一个数字来指定菜单项在控件数组中的位置,与显示位置无关
快捷键	Shortcut	通过下拉列表框为菜单项设置快捷键
帮助上下文 ID	HelpContextID	用户可通过输入数字来选择帮助文件中特定的页数
协调位置	NegotiatePosition	选择顶层菜单在窗体的位置
复选	Checked	选中此项时,可通过单击菜单项,在其"打开"与"关闭"两种状态之间切换
有效	Enabled	设置菜单项是否响应单击事件
可见	Visible	设置已定义的菜单在运行时是否可见
显示窗口列表	WindowList	在 MDI 应用程序中,确定菜单控件是否包含一个打开的 MDI 子窗体列表

在"菜单编辑器"窗口中部还有 4 个箭头按钮和 3 个按钮。其中,左、右箭头用于设置和调整菜单项的级别,上、下箭头用于调整菜单项的前后次序,"下一个"按钮用于在菜单项中切

换当前编辑项,"插入"按钮可在当前菜单项之前插入一个当前级别的新菜单项,"删除"按钮用于删除当前菜单项。

【案例 6.6】实现对两个图形的控制,包括可见性控制、形状改变及左右移动单位距离等操作。

案例分析

对象可见性包括"显示"和"隐藏"功能;形状在这里可简化为两种:圆形和方形;移动包括左移、右移。若仍用前面所学过的命令按钮实现这一系列操作,会造成界面零乱、操作不便等问题,而使用菜单便可解决此类问题。

案例设计

对图形对象的操作可分为可见性设置、形状控制、移动三组,分别用 3 个主菜单项实现,每一主菜单下又可通过下级菜单来分别控制两个图形不同形状、不同移动方向的实现。其中,可见性由于只是在显示与隐藏两种状态之间切换,可以考虑使用复选框菜单项。

案例实现

带有菜单的 Visual Basic 应用程序的实现过程主要分创建菜单和菜单编程两步。创建菜单指利用菜单编辑器搭建菜单结构的过程,属于界面实现;菜单编程是指在相应菜单项的 Click 事件中写入代码,属于问题实现。

启动 Visual Basic 环境后,通过 Shape 控件在窗体上添加两个对象 Shape1 和 Shape2,属性设置如表 6-5 所示。

表 6-5 Shape 属性设置

控 件 名 称	属 性 名 称	属 性 值
Shape1	BackColor	&H00FF0000&
	BackStyle	1-Opaque
	Shape	3-Circle
Shape2	BackColor	&H000000FF&
	BackStyle	1-Opaque
	Shape	3-Circle

(1)创建菜单

打开"菜单编辑器"窗口,编辑菜单。在"标题"文本框输入"可见",在"名称"文本框输入 mvisual,其余属性值为默认,完成第一个菜单项的创建。

单击"下一个"按钮,切换到第二个菜单项的编辑。在"标题"文本框输入 1,"名称"文本框输入 mvisual1,选中"复选"复选框。由于此项是上一菜单项的下一级菜单项,所以单击右箭头,使得菜单显示窗口如图 6-20 所示。

图 6-20 案例 6.6 菜单编辑器显示界面

依此方法建立其余菜单项,属性设置如表 6-6 所示。

设置好所有菜单及其属性后,单击"菜单编辑器"窗口右上角的"确定"按钮,即可完成菜单的创建。

表 6-6　案例 6.6 菜单属性设置

标　题	名　　称	级 别 样 式	其 余 属 性
可见	mvisual		
1	mvisual1	…1	复选
2	mvisual2	…2	复选
形状	mshape		
圆	mshapec	…圆	
矩形	mshapes	…矩形	
移动	mmove		
左	mmovel	…左	
1	mmovel1	……1	
2	mmovel2	……2	
右	mmover	…右	
1	mmover1	……1	
2	mmover2	……2	
退出	mexit		

（2）菜单编程

在设计模式下，单击窗体上某一菜单项，即可进入代码窗口下该菜单项的 Click 事件过程，在此进行菜单编程，实现菜单项的指定功能。本案例的代码如下：

```
Private Sub mvisual1_Click()             '图形 1 可见性
  mvisual1.Checked=Not mvisual1.Checked
  If mvisual1.Checked Then
    Shape1.Visible=True
  Else
    Shape1.Visible=False
  End If
End Sub
Private Sub mvisual2_Click()             '图形 2 可见性
  mvisual2.Checked=Not mvisual2.Checked
  If mvisual2.Checked Then
    Shape2.Visible=True
  Else
    Shape2.Visible=False
  End If
End Sub
Private Sub mshapec_Click()              '圆形
  Shape1.shape=3
  Shape2.shape=3
End Sub
Private Sub mshapes_Click()              '方形
```

```
    Shape1.shape=1
    Shape2.shape=1
End Sub
Private Sub mmovel1_Click()            '图形1左移
    Shape1.left=Shape1.left-30
End Sub
Private Sub mmovel2_Click()            '图形2左移
    Shape2.left=Shape2.left-30
End Sub
Private Sub mmover1_Click()            '图形1右移
    Shape1.left=Shape1.left+30
End Sub
Private Sub mmover2_Click()            '图形2右移
    Shape2.left=Shape2.left+30
End Sub
Private Sub mexit_Click()              '退出
    End
End Sub
```

图 6-21 案例 6.6 的运行界面

图 6-21 为本案例运行界面。

相关知识讲解

案例 6.6 设计的菜单是下拉式菜单，用 Visual Basic 也可设计弹出式快捷菜单。弹出式菜单就是不依附于菜单栏、可显示在窗体任何位置的浮动菜单。程序运行时，任何一个菜单项连同其所有子菜单，都可作为弹出菜单显示。

弹出式菜单可通过调用窗体或对象的 PopupMemu 方法显示，其语法格式为：

```
[对象名.]PopupMemu 菜单名[, Flags[, x[, y[, Boldcommand]]]
```

其中，参数 Flags 指定了弹出菜单的位置和行为，x、y 参数分别指定弹出菜单在窗体的左边距和上边距，Boldcommand 参数指定在弹出菜单中以粗体显示的菜单项名称。

使用弹出式菜单时，应注意以下几点：

① 弹出式菜单的调用语句一般放在对象的 MouseUp 事件过程中，当用户抬起鼠标时激活该事件。该事件过程有一个参数 Button，用于指示鼠标按键，当按下的是左键时，Button=1（vbLeftButton）；按下的是右键时，Button=2（vbRightButton）。

② 弹出式菜单可以是下拉菜单中已经建立好的一个菜单项，也可以专门创建一个菜单项。若一个新建的菜单项作为弹出式菜单且不希望在下拉菜单中出现时，必须设置其"可见"属性为 False，即取消"菜单编辑器"窗口中"可见"选项的选中状态。

③ 弹出式菜单每次只能显示一个菜单项，若想同时显示案例 6.6 中的"形状"和"移动"两项，需重新建立一个以这两项为子菜单的菜单项。

应用举例：

```
Private Sub Form_MouseUp(Button As Integer, Shift As Integer, X As Single, Y As Single)
    If Button=2 Then
        PopupMenu mmove
    End If
End Sub
```

6.3 工 具 栏

如同 Windows 应用程序，Visual Basic 应用程序也支持对其中常用菜单命令快速访问功能的工具栏技术。Visual Basic 中的工具栏同样也处在菜单栏下面，由多个按钮排列组成。要创建 Visual Basic 工具栏，需要两个控件：工具栏控件（Toolbar）与图像列表控件（ImageList）。这两个控件属于 ActiveX 控件，因此不在基本工具箱中，需要将其添加到工具箱中才能使用。不需要的 ActiveX 控件也可从当前工具箱中删除，具体方法如下：

1．手工将 ActiveX 控件添加到工具箱中
① 选择"工程"→"部件"命令，打开"部件"对话框的"控件"选项卡。
② 选定某一.ocx 控件名旁边的复选框，然后单击"确定"按钮。

2．删除已有的 ActiveX 控件
① 选择"工程"→"部件"命令，打开"部件"对话框的"控件"选项卡。
② 清除.ocx 控件名旁边的复选框，然后单击"确定"按钮。

注意：在此之前应删除工程窗体上所删控件的所有实例，以及工程代码中对控件的所有引用，否则在编译应用程序时将显示出错信息。

通过学习案例 6.7，学会用相应控件创建 Visual Basic 应用程序的工具栏，并对工具栏上的按钮编程。

【案例 6.7】在案例 6.6 应用程序界面上创建一个工具栏，上面包括"移动"菜单项中关于"左移""右移"功能的工具栏按钮。

案例分析
Toolbar 控件用于创建工具栏及其按钮并响应用户事件，按钮上可显示文字或图形，或二者皆有；而 ImageList 控件可形成一个图标图像库，为工具栏按钮提供可选图形。

案例设计
本案例中左移和右移实现的是两个 shape 对象的同时移动，所以需创建一个包含两个按钮的工具栏。

案例实现
（1）界面实现

添加控件：打开案例 6.6 工程及窗体，选择"工程"→"部件"命令，或右击工具箱，选择"部件"命令，打开"部件"对话框（见图 6-22），在"控件"选项卡中选中 Microsoft Windows Common Controls 6.0 复选框，单击"确定"按钮，关闭该对话框后，工具箱中内容如图 6-23 所示。

用 ImageList 控件形成一个图像集合以备后用：
① 在窗体中添加一个图像列表控件 ImageList1。
② 右击该控件，在弹出的快捷菜单中选择"属性"命令，打开关于 ImageList 的属性页对话框，如图 6-24 所示。
③ 切换到"图像"选项卡，单击"插入图片"按钮，将本案例所需的两张图片插入到"图像"列表中。
④ 在"关键字"文本框中分别为每个图片指定唯一关键字 moveright 和 moveleft，以便工具

栏控件按钮与之关联。单击"确定"按钮，关闭对话框。

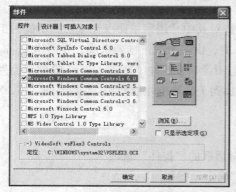

图 6-22　部件对话框

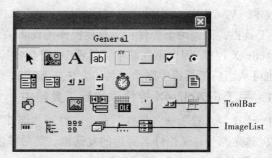

图 6-23　ToolBar 和 ImageList 控件

用 Toolbar 控件创建工具栏：

① 在窗体中添加一个工具栏控件 ToolBar1。

② 在 ToolBar1 上右击，选择"属性"命令，打开关于 ToolBar 控件的属性页对话框，如图 6-25 所示。

③ 在"通用"选项卡，在"图像列表"下拉列表框中选择 ImageList 选项，使 ToolBar1 与 ImageList1 相关联。

④ 在"按钮"选项卡中插入两个按钮，分别定义它们的"标题""工具提示文本"及"图像"等属性，如图 6-25 所示。其中，"标题"为按钮上的显示字符，"工具提示文本"是当鼠标置于工具栏按钮处所显示的提示文字，"图像"文本框应输入按钮显示图片在 ImageList1 中的关键字。

⑤ 单击"确定"按钮，关闭对话框。

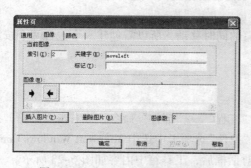

图 6-24　ImageList 属性页对话框

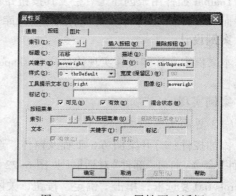

图 6-25　ToolBar 属性页对话框

（2）代码实现

双击工具栏，进入代码窗口，在 ToolBar1 的 ButtonClick 事件过程中输入如下代码段：

```
Private Sub Toolbar1_ButtonClick(ByVal Button As MSComctlLib.Button)
  If Button="左移" Then
    Shape1.Left=Shape1.Left-30
    Shape2.Left=Shape2.Left-30
  ElseIf Button="右移" Then
```

```
        Shape1.Left=Shape1.Left+30
        Shape2.Left=Shape2.Left+30
    End If
End Sub
```
运行结果如图 6-26 所示。

图 6-26　案例 6.7 的运行界面

6.4　通用对话框

用户可以使用对话框控件（CommonDialog）创建含有 Windows 通用对话框的 Visual Basic 应用程序，该控件属于 ActiveX 控件。可创建的标准通用对话框主要有以下几种：
- "打开"对话框（Open）。
- "另存为"对话框（Save As）。
- "颜色"对话框（Color）。
- "字体"对话框（Font）。
- "打印"对话框（Print）。
- "帮助"对话框（Help）。

下面通过案例 6.8，学会用控件在 Visual Basic 应用程序中创建 6 种标准通用对话框，并编程实现具体功能。

【**案例 6.8**】创建如图 6-27 所示程序，单击"打开"按钮，可将选中的文件以文本形式显示在文本框中。

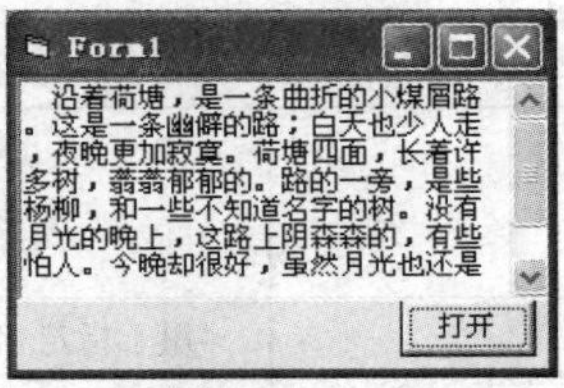

案例分析

可利用 CommonDialog 控件调用"打开"通用对话框，将"打开"对话框中指定文件显示到文本框中。

图 6-27　案例 6.8 的运行界面

案例设计

在命令按钮的单击事件过程中，调用"打开"通用对话框，并通过文件操作语句打开和显示指定文件内容。

案例实现

（1）界面实现

① 打开"部件"对话框，选择 Microsoft Common Dialog Control 6.0 项，将通用对话框控件 添加至工具箱中。

② 在窗体上分别添加 Text1、Command1 和 CommonDialog1 三个控件。

③ 属性设置如表 6-7 所示。

表 6-7　案例 6.8 属性设置

控件名称	属性名称	属性值
Command1	Caption	打开
Text1	Text	
	MultiLine	True
	ScrollBars	2-Vertical

（2）代码实现

在代码窗体的命令按钮单击事件过程中写入如下代码，有关文件知识参阅第 7 章内容。

```
Private Sub Command1_Click()
  Dim s As String
  Text1.Text=""
  CommonDialog1.Action=1                          '"打开"对话框
  Open CommonDialog1.FileName For Input As #1     '打开文件
  Do While Not EOF(1)                             '读文件内容到文本框控件
    Line Input #1, s
    Text1.Text=Text1.Text & s & vbCrLf
  Loop
  Close #1                                        '关闭文件
End Sub
```

运行界面如图 6-27 所示。单击"打开"按钮，弹出"打开"对话框，选定某一文件后，单击"确定"按钮，文件内容即以文本形式显示于文本框控件中。

相关知识讲解

在使用通用对话框控件过程中，也需要对其属性进行必要的设置。6 种通用对话框有共同的属性，也有各自特有的属性，通用对话框的共同属性如表 6-8 所示。

表 6-8　通用对话框公共属性

属 性 名	功　　　能	说　　　明
Action	用于指定相应类型的对话框，只在运行时有效，也可通过调用相应方法实现	1-"打开"对话框（ShowOpen）
		2-"另存为"对话框（ShowSave）
		3-"颜色"对话框（ShowColor）
		4-"字体"对话框（ShowFont）
		5-"打印"对话框（ShowPrint）
		6-"帮助"对话框（ShowHelp）
DialogTitle	设置对话框窗口标题	默认为"打开""另存为"等
CancelError	设置用户单击"取消"按钮后是否产生错误信息	True-单击"取消"按钮时，会出现错误提示信息
		False-单击"取消"按钮时，不会出现错误提示（默认）
Flags	设置相关的附加选项	

除了以上共同的属性以外，每种通用对话框还有各自特有的属性。

1."打开"对话框和"另存为"对话框

当应用程序执行了 CommonDialog1.Action = 1 或 CommonDialog1.ShowOpen 语句时，即显示一个"打开"对话框，而设置其 Action 属性值为 2，或调用其 ShowSave 方法时，打开的是"另存为"对话框。如案例 6.8，通用对话框只是形式，并不能提供具体的打开或保存文件的操作，真正的文件打开及保存操作还需后续代码实现。"打开"和"另存为"对话框涉及的属性基本一致，如表 6-9 所示。

表6-9 文件对话框属性

属 性 名	说 明
DefaultExt	默认文件扩展名
FileName	返回用户要打开的文件名（带路径）
FileTitle	返回用户要打开的文件名（不带路径）
Filter	规定文件类型列表中的类型种类，类型过滤形式为：描述性文字|类型说明。属性值可以包含用"|"分隔的多种类型过滤形式
FilterIndex	整型值，指定文件类型列表框中默认的类型
InitDir	指定初始目录

2. "颜色"对话框

当 Action 属性值被置为 3，或调用通用对话框控件的 ShowColor 方法时，可打开如图 6-28 所示的"颜色"对话框。"颜色"对话框可供用户选择现有色块中的一种颜色，也可以单击对话框中"规定自定义颜色"按钮，来选择用户在调色板中调出的颜色。

"颜色"对话框的特有属性为 Color 属性，用于返回用户选定的色值，其值为长整型。

如下列代码段的功能是为窗体设置背景色。

```
Private Sub Command1_Click()
  CommonDialog1.Action=3
  Form1.BackColor=CommonDialog1.Color
End Sub
```

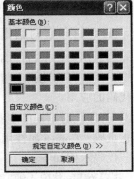

图 6-28 "颜色"对话框

3. "字体"对话框

当通用对话框的 Action 属性值为 4，或调用其 ShowFont 方法时，可打开"字体"对话框。通过"字体"对话框的 FontName、FontSize、FontBold、FontItalic、FontStrikethru、FontUnderline 及 Color 等属性可设置字体格式。但打开"字体"对话框前，必须通过设置通用对话框的 Flags 属性来加载所需字体格式，否则无法打开该对话框。Flags 属性值及其作用说明如表 6-10 所示。

表6-10 "字体"对话框的 Flags 属性

常 量	值	说 明
cdlCFScreenFonts	&H1	列出系统支持的屏幕字体
cdlCFPrinterFonts	&H2	列出打印机字体
cdlCFBoth	&H3	列出屏幕字体和打印机字体
cdlCFHelpButton	&H4	显示"帮助"按钮
cdlCFEffects	&H100	显示"删除线""下画线"复选框和"颜色"组合框
cdlCFApply	&H200	显示"应用"按钮
cdlCFLimitSize	&H2000	只能在 Max 和 Min 属性规定范围内设置字号
cdlCFForceFontExist	&H10000	当所选字体不存在时，显示出错信息

当 Flags 属性值包含 cdlCFLimitSize 时,可通过设置 Min 和 Max 属性值来限制字号的取值范围。

运行时打开的"字体"对话框如图 6-29 所示。

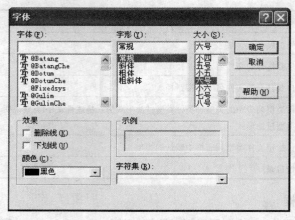

图 6-29 "字体"对话框

4. "打印"对话框

当通用对话框控件的 Action 属性值为 5，或调用它的 ShowPrinter 方法时，可显示"打印"对话框，用户可在此指定与打印有关的一些参数，如打印页码范围、复制份数等，以便后续实现打印代码的应用。

"打印"对话框的主要属性有以下几个：Frompage 和 Topage 属性用于返回打印的起始页码和终止页码，Copies 属性用于返回打印的份数。

代码示例如下：

```
Private Sub Command3_Click()
  CommonDialog1.Action=5          '打开"打印"对话框
  Printer.Print Text1.Text        '打印数据送至打印机
  Printer.EndDoc                  '完成打印
End Sub
```

5. "帮助"对话框

当通用对话框控件的 Action 属性值为 6，或调用了它的 ShowHelp 方法时，可启动帮助系统。在调用帮助系统之前，需由通用对话框的 HelpFile、HelpKey、HelpCommand 和 HelpContext 等属性设置相关参数。

- HelpFile：确定帮助文件的路径和文件名。
- HelpCommand：返回或设置需要的联机帮助的类型。
- HelpContext：返回或设置请求的帮助主题的上下文 ID。
- HelpKey：返回或设置标识请求的帮助主题的关键字。

习 题

一、简答题

1. Visual Basic 的控件如何分类？
2. 组合框控件有哪些？

3. 通用对话框有哪些？

二、选择题

1. 鼠标拖动移动窗体上的框架控件时（　　）。
   A. 框架上的所有控件会随之移动
   B. 框架上的控件不会移动
   C. 框架上只有选择按钮控件移动
   D. 不确定
2. 列表框控件的（　　）属性是以数组的形式存放其值的。
   A. ListCount　　B. List　　C. ListIndex　　D. Text
3. 下列属性中，（　　）是列表框控件有而组合框控件没有的属性。
   A. ListCount　　B. Text　　C. Sorted　　D. MultiSelect
4. 可以控制连续发生的、有规律的事件的控件是（　　）。
   A. 组合框　　B. 列表框　　C. 进度条　　D. 时钟控件
5. 通过设置（　　）属性，才能使 PictureBox 控件根据图片大小自动调整尺寸。
   A. Picture　　B. AutoRedraw　　C. AutoSize　　D. Stretch

三、填空题

1. 若用单选按钮和复选框控件设计界面，Microsoft Word 中的"页面设置"对话框中，文字排列方向（水平、垂直）的选择用_____实现，页眉和页脚（奇偶页不同、首页不同）的选择用_____实现。
2. 通过调整 Timer 控件的_____属性，可控制连续事件发生的间隔时间。
3. 在菜单编辑器中创建的菜单项，若只在弹出式菜单中显示而不在下拉式菜单中显示，应设置_____属性值为_____。
4. 弹出式菜单可通过调用窗体或对象的_____方法显示。
5. 将通用对话框控件的_____属性值设为_____时，可调用"另存为"对话框。
6. "颜色"对话框的_____属性用于返回用户选定的色值。
7. 补充语句，使得文本框的值随进度条改变而改变：
   ```
   Private Sub HScroll1_Change()
     Text1.Text= _____
   End Sub
   ```
8. 窗体上添加了 Option1、Option2、Timer1 和 Combo1 等控件，其中 Combo1 的 List 属性设置如图 6-30 所示，属性设置后界面如图 6-31 所示。在空白处添入合适内容，使程序可实现功能：单击"开始"选项，组合框在"春""夏""秋""冬"之间循环滚动，变化间隔为 1 秒；单击"停止"选项，组合框停止滚动。
   ```
   Dim a As Integer
   Private Sub Option1_Click()
     Timer1.Interval=___①___
   End Sub
   Private Sub Option2_Click()
     Timer1.Interval=0
   End Sub
   ```

```
Private Sub Timer1_Timer()
  Combo1.Text= ②
  a=a+1
  If a>4 Then a=0
End Sub
```

图 6-30　List 属性设置

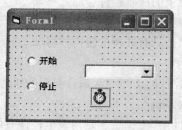

图 6-31　设计界面

第 7 章 文件管理

本章讲解

- 文件的概念、结构及分类。
- 文件的打开与关闭。
- 顺序文件、随机文件、二进制文件的读/写操作。
- 文件操作。
- 文件系统控件。

文件是存储在外部介质上的数据的集合。通常情况下，计算机处理的大量数据都是以文件的形式存放在外部介质（如磁盘）上的，操作系统也是以文件为单位对数据进行管理。

7.1 文件概述

7.1.1 文件概念

存储在磁盘上的文件叫作磁盘文件；与计算机相连的设备叫作设备文件。这些文件都不在计算机内，如果想访问存储在外部介质上的数据，必须先按照文件名找到所指定的文件，然后再从该文件中读取数据。从内容进行区分，文件可以分为程序文件和数据文件。

文件指的是以文件名命名的数据的集合。在 Windows 下，引用文件的格式为：文件路径\文件名。其中，"文件路径"由盘符和文件夹组成；"文件名"包含文件的主名和扩展名，主名由用户按照命名规则自己起，扩展名一般包含 3 个字符，代表了文件的类型，主名和扩展名之间以"."隔开。

例如：d:\vb\vb.ppt，表示文件 vb.ppt 存放在 D 盘的 vb 文件夹下。

7.1.2 文件结构

字符是构成文件的最基本的单位。若干个字符构成一个数据项（即字段），而相互关联的数据项又构成了一条记录，记录是计算机处理数据的基本单位。磁盘文件则是由若干条记录所组成的。

例如，学生记录如下：

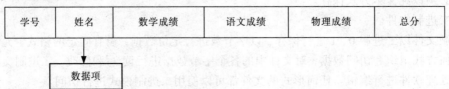

7.1.3 文件分类

1. 根据文件组成和访问方式

在 Visual Basic 中，根据文件组成和访问方式的不同，将文件分成 3 类：顺序文件、随机文件和二进制文件。

（1）顺序文件

顺序文件（Sequential File）是普通的文本文件，它是将字符的编码按顺序一个接一个地排列存储在文件中，占用的空间比较小。顺序文件由文本行组成，每一行（每一条记录）的长度可以变化，用"换行符"作为文本行的分隔符。在顺序文件中，只知道第一条记录的存放位置，其他记录的位置无法得知，所以读/写顺序文件存取记录时，都必须按记录顺序逐个进行。顺序文件结构如图 7-1 所示。

| 记录 1 | 记录 2 | … | 记录 n |

图 7-1　顺序文件结构

顺序文件的优点是结构简单；缺点是不能灵活存取，因为当用户查找一个数据时，必须从文件的开头，一个一个挨着查找，直到找到为止，适用于不经常修改的文件。

（2）随机文件

随机文件（Random Access File）又称为随机存取文件或者直接存取文件，它是可以按照任意次序读/写的文件，由一条条记录组成，每条记录由一些字段组成，其中每条记录的长度是相同的，记录中的字段也是相同的。在这种文件结构中，每条记录都有其唯一的一个记录号，所以在读取数据时，只要知道记录号，便可以直接读取记录。随机文件的结构如图 7-2 所示。

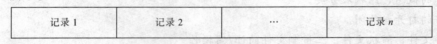

图 7-2　随机文件结构

随机文件的优点是存取灵活、方便、速度快，易更新；缺点是占用的空间大，设计程序时较复杂，因为每条记录都必须赋予一个记录号。

（3）二进制文件

二进制文件（Binaryfile）是指数据以二进制形式存放在文件中，以字节为单位进行存取。除了没有数据类型或者记录长度的含义以外，它与随机文件很相似。二进制访问模式是根据字节数在文件中定位数据，在程序中可以按任何方式组织和访问数据，对文件中各字节数据直接进行存取。

2. 根据编码方式

根据数据的编码方式不同，文件可以分为 ASCII 码文件和二进制文件。

（1）ASCII 码文件

ASCII 码文件即文本文件，这种文件以 ASCII 码方式保存文件，可以使用字处理软件建立和修改，但必须以纯文本方式保存。

（2）二进制文件。

二进制文件以二进制 0、1 进行保存，以字节数进行定位数据，没有固定的格式，允许程序按所需的任何方式组织和访问数据，对文件中的各个字节数据进行读/写和修改。二进制文件不能用普通的字处理软件进行编辑。任何形式的文件都可以使用二进制模式进行访问。

二进制文件的优点是灵活性很大,可以把文件指针移到文件中的任何地方进行字节数据的存取;缺点是设计程序时更复杂。

7.2 文件打开与关闭

在 Visual Basic 中对文件进行操作,通常按以下 3 个步骤进行:

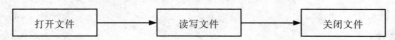

1. 打开或者创建文件

通常使用 Open 语句来打开或者建立文件,为文件的输入/输出在内存中分配缓冲区,并确定缓冲区所使用的存取方式;任何文件必须先打开或创建后才可使用。如果要使用的文件已经创建,可以直接打开;如果文件不存在,必须先建立新文件。

2. 读/写文件

即在打开的文件中,按照所需要的模式执行输入/输出操作。通常把数据存放到文件中的操作叫作写操作;把文件中的数据存放到内存中的操作叫作读操作。

3. 关闭文件

如果已经读/写完文件中的数据,则应该及时关闭文件,这样可以把内存中的数据保存在磁盘上,同时释放内存中的缓冲区。

下面将介绍 3 种不同类型的文件打开与关闭的语法格式。

7.2.1 顺序文件的打开与关闭

文件的打开与关闭通过使用 Open 语句和 Close 语句来实现。

1. 打开文件

Open 语句格式:
Open <文件名> For<Input | Output | Append> [Lock] As <#文件号> [Len =记录长度]

说明:

① 文件名:是必需有的,用来指明打开的文件在磁盘上的存放位置。

② Input: 为读操作,若文件不存在,则产生一个错误。

③ Output: 为写操作,若文件不存在,则创建该文件;若文件已经存在,则覆盖该文件。

④ Append: 为追加方式打开文件,目的是在文件的末尾添加数据。若文件不存在,则创建该文件。

以上②、③、④必须出现其一。

⑤ Lock: 可选项,限定在网络或多任务环境下其他程序对该文件的操作。有 4 种选择: shared(共享)、lock read(禁止读)、lock write(禁止写)、lock read write(禁止读/写)。

⑥ 文件号:必须有的,是一个整数,范围 1~511。每个文件打开时,都被赋予一个文件号,可以通过 freefile()函数来获取文件的文件号。

⑦ 记录长度:可选项,是一个整数,默认是 512,小于或等于 32 777,用来设置读/写操作的

缓冲区的大小，缓冲区越大，占用的内存就越多，读/写速度就越快。"记录长度"与顺序文件的记录长度不要求对应。

例如：
```
Open "D:\mydata\ A.TXT" For Input As #1        '读操作
Open "D:\ mydata \B.TXT" For Output As #2      '写操作
Open "D:\ mydata \C.TXT" For Append As #3      '追加记录
```

2．关闭文件

Close 语句格式：
```
Close [文件号列表]
```

说明：

[文件号列表]为可选项，如：#1、#2、#3。

例如：
```
Close #1,#2,#3
Close
```

说明：

① 文件使用完后，必须用 Close 语句关闭，否则文件中的数据可能丢失。
② 如果省略"文件号"，则将关闭 Open 语句打开的所有活动文件。
③ 即使没有 Close 语句，程序执行结束时，也将自动关闭所有打开的文件。
④ Close 语句还是必要的，因为执行 Close 时可以进行数据的保存，释放缓冲区，同时释放文件号。

7.2.2 随机文件的打开与关闭

1．打开文件

Open 语句格式：
```
Open 文件名 [For Random] [Access 存取类型][Lock] As 文件号 Len = 记录长度
```

说明：

① For Random：可选项，表示以随机方式打开或者创建文件，省略表示随机模式，即以随机模式打开文件，同时指出记录的长度。文件打开后，可同时进行读/写操作。
② Access 存取类型：有 read（只读）、write（只写）、readwrite（读/写，默认类型）3 种。
③ 记录长度：表示对文件进行存取时的长度。对于随机文件而言，每一条记录长度都相同，是固定的。记录长度等于所有字段的长度之和，以字节为单位。记录长度可以通过 len()函数获取到，使用方式 len=len(记录类型)。

例如：
```
Open "d:\mydata.dat" For Random Access Read As #1 Len=20
```

2．关闭文件

随机文件的关闭与顺序文件相同，用 Close 语句。

7.2.3　二进制文件的打开与关闭

1．打开文件

Open 语句格式：

`Open <文件名> For Binary [Access 存取类型] As #文件号`

功能：以二进制方式打开或者创建文件。

例如：

`Open "d:\mydata.dat" For Binary Access Read As #1`

2．关闭文件

二进制文件的关闭与顺序文件相同，用 Close 语句。

7.3　文件读/写操作

7.3.1　顺序文件的读/写

1．文件的写操作

向文件写入内容时，文件必须是以 Output 或 Append 方式打开的，写操作使用 Print # 语句或者 Write #语句进行输出。

（1）Print 语句

格式：`Print #<文件号>,[<输出列表>] [{,|;}]`

功能：将输出列表的数据写入到指定的文件中。

（2）Write 命令

格式：`Write #<文件号>,[<输出列表>]`

功能：将输出列表的数据写入到指定的文件中。

说明：文件号为以写方式打开的文件的文件号。

Print 和 Write 的区别如下：

① Print 语句：输出列表为用分号或逗号分隔的变量、常量、空格和定位函数序列。如果是分号分隔，后一个输出项跟在前一个数据之后输出；如果是逗号分隔，输出的数据按制表位对齐。

② Write 语句：采用紧凑格式存放，即在数据项之间插入"，"，并给字符数据加上双引号，同时在最后一个字符写入后自动插入一个"回车换行符"。

例如：Print 与 Write 语句输出数据的结果比较，运行结果如图 7-3 所示。

图 7-3　Print 和 Write 语句的输出

```
Private Sub Form_click()
  Dim str1 As String, str2 As String, num As Long
  Open App.Path & "\myfile.dat" For Output As 1
```

```
str1="print和write语句的区别"
str2="nihao"
num=54321
Print #1,str1
Print #1,str2,num
Write #1,str2,num
Close #1
End Sub
```

【**案例 7.1**】编写程序,实现把一个文本框中的内容以文件形式存入磁盘。假定文本框的名称为 Text1,文件名为 Myfile.txt。

案例分析

根据题意,在窗体上放置一个文本框 Text1 和命令按钮"写文件",单击按钮时把 Text1 文本框中的内容写入到 d:\Myfile.txt,写入时可以使用 Print 语句。写入方法有两种:可以通过属性 Text1.Text 一次性取出文本框的全部内容并写入文件;还可以通过 Mid(Text1.Text, i, 1)函数每次取出一个字符写入一个字符。

案例设计

根据上面的分析,案例可以通过"打开文件"→"写入数据"→"关闭文件"3 个步骤完成。

案例实现

方法一:把整个文本框的内容一次性地写入文件。
```
Private Sub Command1_Click()
  Open "d:\Myfile.txt" For Output As #1
  Print #1, Text1.Text
  Close #1
End Sub
```
方法二:把整个文本框的内容一个字符一个字符地写入文件。
```
Private Sub Command1_Click()
  Open "d:\Myfile.txt" For Output As #1
  i=1 To Len(Text1.Text)
  Print #1, Mid(Text1.Text,i,1);
  Next i
  Close #1
End Sub
```
运行结果如图 7-4 和图 7-5 所示。

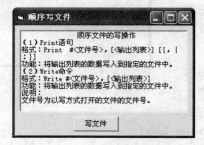

图 7-4 案例 7.1 的设计界面

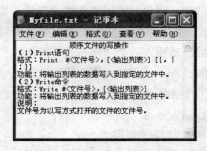

图 7-5 案例 7.1 的运行结果

2. 文件的读操作

从现存文件中读出数据，应以 Input 方式打开该文件，然后使用 Input #语句、Line Input #语句和 Input( )函数 3 种方法读入到程序变量中。

使用格式如下：

（1）Input #语句

格式：`Input #文件号,变量列表`

功能：从指定的文件中把读出的每个数据项分别存放到所对应的变量序列中。

（2）Line Input #语句

格式：`Line Input #文件号,字符串变量`

功能：从指定的文件中读出一行数据存放到字符串变量中，主要用来读取文本文件。

（3）Input()函数

格式：`Input(读取字符的长度, #文件号)`

功能：从指定的文件中读取指定长度的字符串，作为函数的返回值。

【案例 7.2】编写程序，实现将一个文本文件中的内容读取到文本框中。

案例分析

根据题意，在窗体上放置一个文本框 Text1 和命令按钮 Command1。单击按钮时，把 mydata.txt 文件中的内容读到文本框中。因为文件的内容是多行的，所以设置 Text1.multiline=Ture，读取时可以使用 Input#、Line Input#、Input()函数 3 种方法读入。

案例设计

根据上面的分析，案例可以通过"打开文件"→"读出数据"→"关闭文件" 3 个步骤完成。

案例实现

假定文本框名称为 Text1，文件名为 mydata.txt，可以通过下面 3 种方法来实现。

方法一：一行一行读。

```
Private Sub Command1_Click()
  Dim inputdata As String
  Text1.Text=""
  Open App.Path & "\读文件\mydata.txt" For Input As #1
  Do While Not EOF(1)
    Line Input #1, inputdata
    Text1.Text=Text1.Text+inputdata+vbCrLf
  Loop
  Close #1
End Sub
```

方法二：一次性读。

```
Private Sub Command1_Click()
  Text1.Text=""
  Open App.Path & "\读文件\mydata.txt" For Input As #1
  Text1.Text=Input(LOF(1),1)
  Close #1
End Sub
```

方法三：一个一个字符读。
```
Private Sub Command1_Click()
  Dim InputData as String*1
  Text1.Text=""
  Open App.Path & "\读文件\mydata.txt" For Input As #1
  Do While Not EOF(1)
    Input #1, InputData
    Text1.Text=Text1.Text+InputData
  Loop
  Close #1
End Sub
```
运行结果如图 7-6 所示。

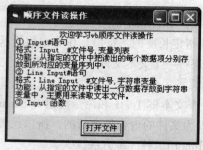

图 7-6　案例 7.2 的运行结果

3．顺序文件读/写实例

【**案例 7.3**】编写程序：在 D:\盘上存放了某校教职工职称及工资情况 zg.txt，每条记录由工号、工资、职称组成，之间用逗号分隔。现对有职称的职工加工资，规定教授加 800 元，副教授加 500 元，讲师加 300 元，助教加 150 元。其他人员不加工资。要求根据加工资的条件修改原文件中的相应数据，之后再把数据写回原文件中。

案例分析

根据题意，本题考查的是顺序文件的修改。由于文本文件不能直接进行修改，只能增加一个临时文件，依次从旧文件中读出内容，判断是否满足要修改的条件。若不满足，则将原内容写到临时文件中；若满足，则将新内容写到临时文件中，直到文件结束。

然后，通过临时文件将内容重新一次性写回到旧文件中；还可以通过 VB 提供的文件操作命令，删除老文件，将临时文件改名为旧文件，或者将临时文件复制为旧文件。

案例设计

通过上面的分析，案例可以按下面的 6 个步骤来完成：

① 打开旧文件，建立并打开临时文件。
② 读取旧文件的内容到变量中，判断是否满足条件，写回到临时文件，直到读到旧文件的末尾。
③ 关闭旧文件和临时文件。
④ 打开临时文件，打开旧文件。
⑤ 读取临时文件的内容到变量中，再写回到旧文件中，直到文件的末尾。
⑥ 关闭临时文件，关闭旧文件。

案例实现

```
Private Sub Command1_Click()
  Dim no%, gz!, zc$
  Open App.Path & "\gz.txt" For Input As #1
  Open App.Path & "\lsgz.txt" For Output As #2
  Do While Not EOF(1)
    Input #1, no, gz, zc
    Select Case zc
      Case "教授"
        gz=gz+800
      Case "副教授"
        gz=gz+500
      Case "讲师"
        gz=gz+300
      Case "助教"
        gz=gz+150
    End Select
    Print #2, no, gz, zc
  Loop
  Close #1, #2
  Open App.Path & "\gz.txt" For Output As #1
  Open App.Path & "\lsgz.txt" For Input As #2
  Do While Not EOF(2)
    Input #2, no, gz, zc
    Print #1, no, gz, zc
  Loop
  Close #1, #2
End Sub
```

运行结果如图 7-7 和图 7-8 所示。

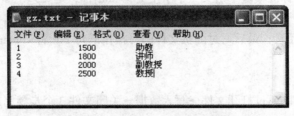

图 7-7 案例 7.3 中原文本文件

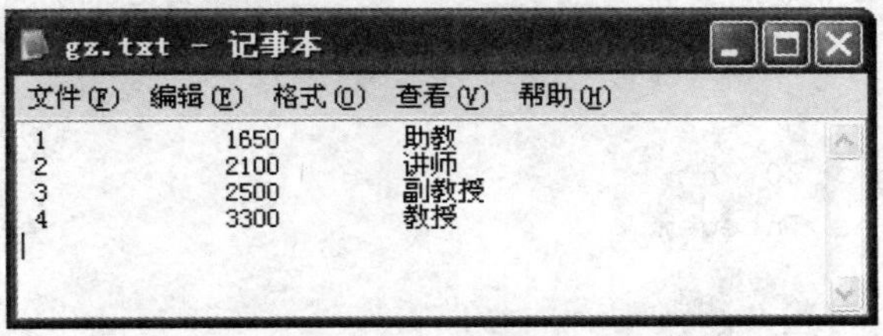

图 7-8 案例 7.3 的运行结果

7.3.2 随机文件的读/写

在随机文件中，每一条记录长度都是相等的且赋予唯一的一个记录号，记录类型是由 Type 语句定义的自定义数据类型，所以每个随机文件的读/写程序应该由以下几部分构成：

① 在标准模块中，定义记录类型。
② 打开随机文件。
③ 读或者写文件。
④ 关闭文件。

记录长度是固定的，所以在自定义类型的元素中，如果有 String 类型，必须是定长的。

在 Open 语句中，以 Random 方式打开，必须指定记录长度。随机文件打开后，可以同时进行读/写操作。

1. 写操作

格式：Put [#]文件号，[记录号]，变量名
功能：将一个记录变量的内容写入到指定的记录位置处。
例如：Put #1, 1, student

说明：

① 记录号是大于 1 的整数，表示写入的是第几条记录。如果忽略记录号，则表示在当前记录后的位置插入一条记录。
② 在把数据写入文件之前，必须将写入的内容存放在记录类型变量中。

下面通过案例 7.4 学习随机文件的写操作。

【案例 7.4】 建立一个学生成绩的随机文件，定义学生的记录类型由学号、姓名、三门课（语文、数学、英语）成绩（百分制）组成，要求通过窗体添加两条记录到文件中。

案例分析

根据题意，首先在标准模块中定义一个学生类型 stutype；定义一个 student 变量为 stutype 类型；然后在窗体上放置 5 个标签、5 个文本框，分别用来输入学号、姓名、三门课成绩，并赋值给 student 变量的各个元素；最后通过随机文件的写操作语句 Put 将 student 变量的值写入到 D：盘下的 mark.dat 文件中。

案例设计

根据分析，案例可以通过打开文件→写入数据→关闭文件 3 个步骤完成。

案例实现

在标准模块中，自定义学生类型 stutype：

```
Type stutype
  no As Integer
  name As String * 20
  score(1 To 3) As Integer
End Type
```

使用 Random 随机方式写入文件：

```
Private Sub Command1_Click()
```

```
    Dim student As stutype, record As Integer
    student.no=Val(Text1.Text)
    student.name=Text2.Text
    student.score(1)=Val(Text3.Text)
    student.score(2)=Val(Text4.Text)
    student.score(3)=Val(Text5.Text)
    Open App.Path & "\mark.dat" For Random As #1 Len=Len(student)
    record=LOF(1)/Len(student)+1
    Put #1, record, student
    Close #1
    Text1=""
    Text2=""
    Text3=""
    Text4=""
    Text5=""
    Text1.SetFocus
End Sub
```

2. 读操作

格式：`Get [#] <文件号>,[<记录号>],<变量名>`

功能：将一个已经打开的文件中的一条由记录号指定的记录读入到记录变量中。

例如：`Get #1,1,student`

说明：

① 记录号要小于等于 2 147 483 747，它是 long 数据类型的最大值。

② 变量名的类型必须是与文件中的数据相同的记录类型。

③ 如果忽略记录号，则读出当前记录后的那一条记录，但是格式中的"，"不能省略。

下面通过案例 7.5 学习随机文件的读操作。

【**案例 7.5**】本题接案例 7.4，在 D:盘下存有一学生成绩的随机文件。要求从文件中读出一个学生的记录，显示在窗体上相应控件中。学生记录同上。

案例分析

根据题意，首先在标准模块中定义一个学生类型 stutype，定义一个 student 变量为 stutype 类型；然后在窗体上放置 5 个标签、5 个文本框，分别用来显示学号、姓名、三门课成绩；最后通过随机文件的读操作语句 Get 将用 Open 语句打开的文件中的指定记录号中的记录内容读到 student 变量中，把 student 变量的各个元素赋值给相应的文本框控件。

案例设计

根据分析，案例可以通过打开文件→读出数据→关闭文件 3 个步骤完成。

案例实现

在标准模块中，建立 stutype 自定义类型：

```
Type stutype
  no As Integer
  name As String * 20
  score(1 To 3) As Integer
```

```
End Type
```
使用 Random 随机方式读取文件：
```
Private Sub Command2_Click()
  Dim student As stutype, record As Integer, i As Integer
  Open App.Path & "\mark.dat" For Random As #1 Len=Len(student)
  record=LOF(1)/Len(student)
  For i=1 To record
    Get #1, i, student
    Text1.Text=student.no
    Text2.Text=student.name
    Text3.Text=student.score(1)
    Text4.Text=student.score(2)
    Text5.Text=student.score(3)
  Next i
  Close #1
End Sub
```
运行结果如图 7-9 所示。

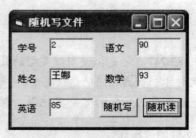

图 7-9　案例 7.5 的运行结果

7.3.3　二进制文件的读/写

二进制文件的读/写操作与随机文件读/写操作类似，读/写语句也是 Get 和 Put，区别在于二进制文件访问模式的单位是字节，而随机模式的访问单位是记录。

1．写操作

语句格式：Put　[#]文件号,[位置],变量名

功能：将变量中的数据写入到文件中指定的位置处。

例如：Put #1,1,no

2．读操作

格式：Get　[#]文件号，[位置],变量名

功能：将从指定位置开始读出长度等于变量长度的数据存入变量中，数据读出后文件指针移动相应变量长度的位置。如果忽略位置，则表示从文件指针所指的位置开始读出数据，数据读出后移动变量长度位置。

注意：读出数据的长度由变量的长度所决定。

例如：get #1, 1, no

3. 二进制文件读/写实例

【**案例 7.6**】编写程序，实现二进制文件的合并。假设有两个文件 1.txt 和 2.txt，合并后放在 3.txt 中。

案例分析

二进制文件往往由两部分组成：一部分是文件头；另一部分是存放的文件内容。二进制文件操作主要应用的方法和函数有 Open、Close、Get、Put 等。1.txt、2.txt、3.txt 三个文件以二进制方式打开。文件头的结构是自己定义的，共 8 个字节 (也就是两个长整型的长度)，前 4 个字节存放第一个文件的长度，后 4 个字节存放第二个文件的长度。

按顺序来看，3 号文件的结构是：第一个文件的长度，第二个文件的长度，第一个文件的二进制内容，第二个文件的二进制内容。除了文件头的 8 字节长度是固定的，后面的长度都会因文件的不同而变化。

为了存放从文件中读取出来的数据，先要声明一个动态的字节型数组 aryContent()。

案例设计

根据上面的案例分析，可以按以下 3 个步骤完成：①打开 1.txt、2.txt、3.txt 三个文件；②读取 1.txt、2.txt 文件内容并写入到 3.txt 文件；③关闭 1.txt、2.txt、3.txt 三个文件。

其中第二步读取并写入 3 号文件可以按下面 4 小步完成：

① 读取并写入 1.txt 文件的长度。
② 读取并写入 2.txt 文件的长度。
③ 读取并写入 1.txt 文件的内容。
④ 读取并写入 2.txt 文件的内容。

案例实现

```
Private Sub Command1_Click()
  Dim filenum1, filenum2, filenum3 As Integer, aryContent() As Byte
  filenum1=FreeFile
  Open App.Path & "1.txt" For Binary As #filenum1
  filenum2=FreeFile
  Open App.Path & "2.txt" For Binary As #filenum2
  filenum3=FreeFile
  Open App.Path & "3.txt" For Binary As #filenum3
  Put #3, , LOF(1)              '取得第一文件的长度，并把它写入到合并文件的文件头中
  Put #3, , LOF(2)              '取得第二文件的长度，并写入到合并文件的文件头中
  ReDim aryContent(LOF(1)-4)    '重定义数组，为读取文件做准备
  Get #1, , aryContent()        '取得第一文件的内容到数组
  Put #3, , aryContent()        '把第一文件的内容写到合并文件中
  ReDim aryContent(LOF(2)-4)    '重定义数组，为读取文件做准备
  Get #2, , aryContent()        '取得第二文件的内容到数组
  Put #3, , aryContent()        '把第二文件的内容写到合并文件中
  '关闭文件
```

```
    Close #1
    Close #2
    Close #3
End Sub
```

经验交流

二进制数据文件不能直接被打开，所以不能直接看到 3.txt 中的内容，这增加了数据的安全性。

7.4 文 件 操 作

7.4.1 文件操作语句

1．改变当前驱动器（ChDrive 语句）

格式：`ChDrive drive`

功能：改变当前系统驱动器。

说明：

如果 drive 为""，则当前驱动器将不会改变；如果 drive 中有多个字符，则 ChDrive 只会使用首字母。

例如：`ChDrive "D:"; ChDrive "D:\"; ChDrive "Dasd"`
都是将当前驱动器设为 D:盘。

2．改变当前目录（ChDir 语句）

格式：`ChDir path`

功能：改变当前目录。

例如：`ChDir "D:\TMP"`

说明：

ChDir 语句改变默认目录位置，但不会改变默认驱动器位置。

例如，如果默认的驱动器是 C，则上面的语句将会改变驱动器 D 上的默认目录，但是 C 仍然是默认的驱动器。

3．创建目录（MkDir 语句）

格式：`MkDir path`

功能：创建一个新的目录。

例如：`MkDir "D:\Mydir\ABC"`

4．删除目录（RmDir 语句）

格式：`RmDir path`

功能：删除一个存在的目录。

说明：

RmDir 只能删除空子目录，如果想要使用 RmDir 来删除一个含有文件的目录或文件夹，则会发生错误。

5. 复制文件语句（FileCopy）

格式：`FileCopy source , destination`

功能：复制一个文件。

例如：`FileCopy "D:\Mydir\Test.doc", "A:\MyTest.doc"`

说明：

FileCopy 语句不能复制一个已打开的文件。

6. 删除文件（Kill 语句）

格式：`Kill pathname`

功能：删除文件。

说明：

pathname 中可以使用通配符"*"和"?"。

例如：`Kill "*.TXT"`
　　　`Kill "C:\Mydir\Abc.dat"`

7. 文件的更名（Name 语句）

格式：`Name oldpathname As newpathname`

功能：重新命名一个文件或目录。

例如：`Name "D:\Mydir\Test.doc" As "A:\MyTest.doc"`

说明：

① Name 具有移动文件的功能。
② 不能使用通配符"*"和"?"，不能对一个已打开的文件使用 Name 语句。

8. 设置文件属性（SetAttr 语句）

格式：`SetAttr FileName, Attributes`

功能：为文件设置属性。

说明：

① FileName：必要参数。一个文件名的字符串表达式。
② Attributes：必要参数。常数或数值表达式，其总和用来表示文件的属性。Attributes 参数设置如表 7-1 所示。

表 7-1　Attributes 参数设置

内 部 常 量	数 值	描 述
vbNormal	0	常规（默认值）
vbReadOnly	1	只读

续表

内 部 常 量	数 值	描 述
vbHidden	2	隐藏
vbSystem	4	系统文件
vbArchive	32	上次备份以后,文件已经改变

7.4.2 文件操作函数

1. 获得当前目录（CurDir()函数）

格式：`CurDir [(Drive)]`

功能：利用 CurDir()函数可以确定指定驱动器的当前目录。

说明：

可选的 Drive 参数是一个字符串表达式，它指定一个存在的驱动器。如果没有指定驱动器，或 Drive 是零长度字符串（""），则 CurDir 会返回当前驱动器的路径。

例如：`str=CurDir("E:")`,
执行结果是获得 E 盘当前目录路径，并赋值给变量 str。

2. 获得文件属性（GetAttr()函数）

格式：`GetAttr (FileName)`

功能：返回代表一个文件、目录或文件夹的属性的 Integer 数据。

GetAttr 返回的值及代表的含义如表 7-2 所示。

表 7-2 GetAttr()函数的返回值

内 部 常 量	数 值	描 述
vbNormal	0	常规
vbReadOnly	1	只读
vbHidden	2	隐藏
vbSystem	4	系统文件
vbDirectory	17	目录或文件夹
vbArchive	32	上次备分后,文件已经改变
vbalias	74	指定的文件名是别名

3. FileDateTime()函数

格式：`FileDateTime (FileName)`

功能：返回一个 Variant (Date)，此值为一个文件被创建或最后修改后的日期和时间。

4. Shell()函数和 Shell 过程

在 Visual Basic 中，可以调用在 DOS 下或 Windows 下运行的应用程序。

函数调用形式：`ID=Shell( FileName [,WindowType] )`

说明：执行一个可执行文件，返回一个 Variant（Double）。如果成功，返回这个程序的任务ID，它是一个唯一的数值，用来指明正在运行的程序；若不成功，则会返回0。

过程调用形式：`Shell FileName [,WindowType]`

其中：
- FileName：要执行的应用程序名字符串，包括盘符、路径，它必须是可执行文件。
- WindowType：为整型值，表示执行应用程序打开的窗口类型，其取值如表7-3所示。

表7-3 WindowType 的取值及含义

内 部 常 量	值	描 述
vbHide	0	窗口被隐藏，且焦点会移到隐式窗口
vbNormalFocus	1	窗口具有焦点，且会还原到它原来的大小和位置
vbMinimizedFocus	2	（默认）窗口会以一个具有焦点的图标来显示（最小化）
vbMaximizedFocus	3	窗口是一个具有焦点的最大化窗口
vbNormalNoFocus	4	窗口会被还原到最近使用的大小和位置，而当前活动的窗口仍然保持活动
vbMinimizedNoFocus	7	窗口会以一个图标来显示，而当前活动的窗口仍然保持活动

例如，调用执行 Windows 系统中的记事本语句如下：
`I=Shell("C:\WINDOWS\NOTEPAD.EXE")`，进入 MS_DOS 状态
`J=Shell("c:\command.com", 1)`

也可按过程形式调用：
`Shell "C:\WINDOWS\NOTEPAD.EXE"`
`Shell "c:\command.com", 1`

说明：
上面指定的执行文件，因计算机系统不同，文件的路径可能有所不同。

5. Freefile 函数

格式：`Freefile`

功能：得到一个在程序中没有使用的文件号。

例如：`fileno=Freefile`

6. Lof()函数

格式：`Lof(文件号)`

功能：Lof()函数将返回文件号对应的文件的大小，以字节为单位，是 Long 整数。

例如：`LOF(1)`

返回#1 文件的长度，如果返回 0 值，则表示该文件是一个空文件。

7. Loc()函数

格式：`Loc(文件号)`

功能：Loc()函数将返回在一个打开文件中读/写的当前记录的记录号，是 Long 整数；对于二进制文件，它将返回最近读/写的一个字节的位置。

例如：`record = Loc(文件号)`

8．Eof()函数

格式：`Eof(文件号)`

功能：Eof()函数将返回一个表示文件指针是否到达文件末尾的标志。如果到了文件末尾，Eof()函数返回 TRUE(–1)，否则返回 FALSE(0)。

例如：`Do While Not Eof (1)`
判断文件指针是否到达文件的末尾。

7.5　文件系统控件

Visual Basic 提供了 3 种可直接浏览系统目录结构和文件的控件：驱动器列表框、目录列表框、文件列表框，让用户借助于对话框实现对文件的打开与关闭操作，如图 7-10 所示。

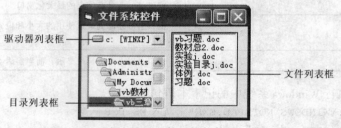

图 7-10　文件系统控件

7.5.1　驱动器列表框

驱动器列表框（DriveListBox）控件，通常只显示当前驱动器名称，单击下拉按钮，就会显示出当前系统拥有的所有磁盘驱动器，供用户选择，如图 7-11 所示。

1．常用属性——Drive 属性

Drive 属性是驱动器列表框控件最重要和常用的属性，在运行时返回或设置所选定的驱动器。该属性在设计时不可用，必须通过程序代码设计其属性。

图 7-11　驱动器列表框

格式：`对象.Drive[=<字符串表达式>]`

例如：`Drive1.drive="D:"`

2．重要事件——Change 事件

在程序运行时，当选择一个新的驱动器或通过代码改变 Drive 属性的设置时，都会触发驱动器列表框的 Change 事件发生。

7.5.2　目录列表框

目录列表框（DirListBox）控件用来显示当前驱动器目录结构及当前目录下的所有子目录，供用户选择其中一个目录为当前目录，如图 7-12 所示。

1. 常用属性——Path 属性

Path 属性是目录列表框控件的最常用的属性,用于返回或设置当前路径。该属性在设计时是不可用的,必须在代码窗口设计其属性。

格式:对象.Path [= <字符串表达式>]

说明:<字符串表达式>是用来表示路径名的字符串表达式。

例如:Dir1.Path="C:\Mydir"

List、ListCount 和 ListIndex 这些属性与列表框(ListBox)控件的相应属性基本相同。目录列表框中的当前目录的 ListIndex 值为-1,紧邻其上的目录的 ListIndex 值为-2,再上一个的 ListIndex 值为-3,如图 7-13 所示。

 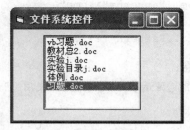

图 7-12　目录列表框　　　　　　　图 7-13　文件列表框

注意:单击不改变当前目录;双击才能改变当前目录。

2. 重要事件——Change 事件

在程序运行时,每当改变当前目录,即目录列表框的 Path 属性发生变化时,都要触发其 Change 事件。

7.5.3　文件列表框

文件列表框(FileList)控件是用简单列表的形式显示 Path 属性指定的目录中所有指定文件类型的文件。

1. 常用属性

(1)Path 属性

用于返回和设置文件列表框当前目录,设计时不可用。

说明:当 Path 值改变时,会触发一个 PathChange 事件。

(2)Filename 属性

用于返回或设置被选定文件的文件名,设计时不可用。

说明:Filename 属性不包括路径名。

例如,要从文件列表框(File1)中获得全路径的文件名 Fname,使用下面的程序代码:
```
If  Right(file1.path,1)="\" Then
    Fname=file1.path & file1.filename
```

```
Else
    Fname=file1.path & "\" & file1.filename
End If
```

（3）Pattern 属性

用于返回或设置文件列表框所显示的文件类型，可在设计状态时设置或在程序运行时设置。默认时表示所有文件。

格式：对象.Pattern [= value]

说明：value 是一个用来指定文件类型的字符串表达式，并可使用包含通配符（"*"和"?"）。

例如：
```
File1.Pattern="*.bmp"
File1.Pattern="*.txt;  *.Doc"
File1.Pattern="???.txt"
```

注意：

要指定显示多个文件类型，使用";"为分隔符；重新设置 Pattern 属性，会触发 PatternChange 事件。

（4）文件属性

- Archive：True，只显示文档文件。
- Normal：True，只显示正常标准文件。
- Hidden：True，只显示隐含文件。
- System：True，只显示系统文件。
- ReadOnly：True，只显示只读文件。

（5）MultiSelect 属性

文件列表框的 MultiSelect 属性与 ListBox 控件中 MultiSelect 属性使用方法完全相同。默认情况是 0，即不允许选取多项。

（6）List、ListCount 和 ListIndex 属性

文件列表框中的 List、ListCount 和 ListIndex 属性与列表框（ListBox）控件的相应属性的含义和使用方法相同，在程序中对文件列表框中的所有文件进行操作时，就会用到这些属性。

因此有：`File1.FileName=File1.List(File1.ListIndex)`

例如，将文件列表框（File1）中的所有文件名显示在窗体上：
```
For i=0 To File1.ListCount-1
    Print File1.List(i)
Next i
```

2．主要事件

（1）PathChange 事件

当路径被代码中 FileName 或 Path 属性的设置所改变时，此事件发生。

说明：可使用 PathChange 事件来响应 FileListBox 控件中路径的改变。

（2）PatternChange 事件

当文件的列表样式，如 "*.*"，被代码中的 FileName 或 Path 属性设置所改变时，此事件发生。

说明：可使用 PatternChange 事件来响应在 FileListBox 控件中样式的改变。

（3）Click、DblClick 事件

Click、DblClick 事件指的是单击或者双击文件名时发生的事件。

例如：单击输出文件名。
```
Sub filFile_Click( )
  MsgBox filFile.FileName
End Sub
```

例如：双击执行可执行程序。
```
Sub File1_DblClick( )
  Dim Fname As String
  If  Right(file1.path,1)="\"  Then
    Fname=file1.path & file1.filename
  Else
    Fname=file1.path & "\" & file1.filename
  End If
  RetVal=Shell(Fname, 1)      ' 执行程序
End Sub
```

7.5.4 文件系统控件的联合使用

要使驱动器、目录和文件列表框同步显示，就需要通过代码实现，如图 7-14 所示。

```
Private Sub Drive1_Change()
  Dir1.Path=Drive1.Drive
End Sub
```

```
Private Sub Dir1_Change()
  File1.Path=Dir1.Path
End Sub
```

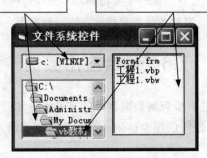

图 7-14 文件系统控件联动

【案例 7.7】 创建一个窗体，利用驱动器列表框、目录列表框和文件列表框控件实现文件的查找，并把查找到的文件的路径显示在文本框中。

案例分析

根据题意，由于要查找每个磁盘上的任意文件，因此要提供盘符和目录；然后选择磁盘、目

录开始查找，结果显示在文件列表框中；当在文件列表框中选择需要的文件时，获取文件所在的盘符、目录、文件名并显示在文本框中。因此，在窗体上需要放置文本框、标签及驱动器列表框、目录列表框和文件列表框控件。

案例设计

本案例的重点主要是窗体设计，请读者根据案例分析建立窗体及其窗体上的控件，并进行属性设置。

案例实现

选择驱动器：
```
Private Sub Drive1_Change()
  Dir1.Path=Drive1.Drive
End Sub
```

选择目录：
```
Private Sub Dir1_Change()
  File1.Path=Dir1.Path
End Sub
```

选择文件：
```
Private Sub Command1_Click()
  Dim Fname As String
  If Right(File1.Path, 1)="\" Then
    Fname=File1.Path & File1.FileName
  Else
    Fname=File1.Path & "\" & File1.FileName
  End If
  Text1.Text=Fname
End Sub
```

运行结果如图 7-15 所示。

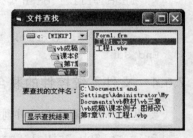

图 7-15　案例 7.7 运行界面

经验交流

人机交互性是衡量一个程序质量高低的重要指标，界面设计得好可以有效改善程序的人机交互性。在界面上使用文件系统控件，可以方便用户操作文件，如查找、浏览、复制、删除等。

7.6　综合应用实例

本节通过一个实例程序，进一步理解数据文件的有关操作和管理。

【**案例 7.8**】利用文件系统控件创建 Windows 下的文件浏览器。

案例分析

根据题意，要求通过驱动器列表框、目录列表框和文件列表框来显示不同驱动器下的文件夹和文件及不同文件夹下的文件。使用组合框限定文件列表框中显示文件的类型，如选定"*.txt"文件时，则把选中的文件的绝对路径显示在 Text2 中，并打开文件，把文件的内容显示在文本框 Text1 中。

案例设计

根据案例分析，在窗体上放置相应的控件并进行属性设置。

```
Private Sub Form_Load()
  Combo1.AddItem "*.txt"
  Combo1.AddItem "*.doc"
  Combo1.AddItem "*.xls"
  Combo1.AddItem "*.ppt"
  Combo1.AddItem "*.jpg"
  Combo1.AddItem "*.frm"
  Combo1.AddItem "*.vbp"
End Sub
Private Sub Combo1_Click()
  File1.Pattern=Combo1.Text                        '选择文件类型
End Sub
Private Sub Drive1_Change()
  Dir1.Path=Drive1.Drive                           '选择驱动器
End Sub
Private Sub Dir1_Change()
  File1.Path=Dir1.Path                             '选择目录
End Sub
Private Sub Command1_Click()
  Dim Fname As String, inputdata As String
  File1.FileName=File1.List(File1.ListIndex)       '选择文件
  If Right(File1.Path, 1)="\" Then                 '获取文件路径
    Fname=File1.Path & File1.FileName
  Else
    Fname=File1.Path & "\" & File1.FileName
  End If
  Text2.Text=Fname
  Text1.Text=""
  Open Text2.Text For Input As #1                  '打开文件，读文件
  Do While Not EOF(1)
    Line Input #1, inputdata
    Text1.Text=Text1.Text+inputdata+vbCrLf
  Loop
  Close #1
End Sub
```

运行结果如图 7-16 所示。

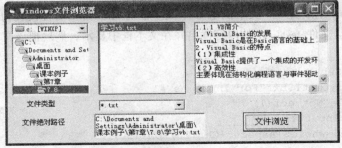

图 7-16　案例 7.8 的运行结果

习 题

一、简答题

1. 什么是文件？文件如何分类？
2. 什么是数据文件？数据文件的特点是什么？有哪些操作？
3. 简述顺序文件的读/写过程。
4. 简述随机文件的读/写过程。
5. 简述二进制文件的读/写过程。

二、选择题

1. 下面关于顺序文件的说法中，正确的是（   ）。
   - A. 每条记录的长度必须相同
   - B. 可通过编程对文件中的某条记录方便地修改
   - C. 数据只能以 ASCII 码形式存放在文件中，所以可通过文本编辑软件显示
   - D. 文件的组织结构复杂

2. 下面关于随机文件的叙述中，错误的是（   ）。
   - A. 每条记录的长度必须相同
   - B. 每条记录都有记录号
   - C. 可以非常方便地直接修改某一条记录
   - D. 记录号是通过随机数随机产生的

3. 要读出 C:\t1.txt 文件中的内容，下列（   ）是正确的。
   - A. F = "c:\t1.txt"
     Open F For Input As #1
   - B. F = "c:\t1.txt"
     Open "F" For Input As #2
   - C. Open "c:\t1.txt" For Output As #1
   - D. Open c:\t1.txt For Input As #2

4. 要向文件 data.txt 中添加数据，正确的文件打开命令是（   ）。
   - A. open data1.txt for output as #1
   - B. open data1.txt for input as #1
   - C. open data1.txt for append as #1
   - D. open data1.txt for write as #1

三、填空题

1. 在窗体 Form1 上放置一个文本框 Text1，文本框的 MultiLine 属性设置为 True，然后编写如下事件过程：把磁盘文件 test1.txt 的内容读出并在文本框中显示，然后把该文本框中的内容存入磁盘文件 test2.txt。

```
Private Sub Form_Click()
  Open"d:\test1.txt"For Input As #1
  Do While Not eof(1)
    Line Input #1, _____
    whole$=whole$+aspect$+Chr(13)+Chr(10)
  Loop
  Text1.Text=whole$
```

```
      Close #1
      Open "d:\test2.txt"For Output As #1
      Print #1, _____
      Close #1
   End Sub
```

2. 顺序文件的建立。建立文件名为 c:\stud1.txt 的顺序文件，内容来自文本框，按一次【Enter】键，写入一条记录。然后清除文本框的内容，直到文本框内输入 END 字符串。

```
   Sub Form_Load()
      _____
      Text1 = ""
   End Sub
   Private Sub Text1_KeyPress(KeyAscii As Integer)
      If KeyAscii = 13 Then
        If_____Then
          Close #1
          End
        Else
          _____
          Text1 = ""
        End If
      End If
   End Sub
```

3. 随机文件的修改。在案例 7.4 和案例 7.5 的基础上，对已建立的 d:\mark.dat 随机文件读出第二条记录，对其 3 门课的成绩各加 5 分，再写回到原文件中，并验证是否正确写入。

```
   Private Sub Command1_Click()
      Dim student1 As stutype, student2 As stutype
      Open App.Path & "\mark.dat" For Random As #1 Len=Len(student)
      _____
      Student1.score(1)=Student1.score(1) +5
      Student1.score(2)=Student1.score(2)+5
      Student1.score(3)=Student1.score(3)+5
      _____
      Get #1, 2, student2
      Text1.Text=Student2.no
      Text2.Text=Student2.name
      Text3.Text=Student2.score(1)
      Text4.Text=Student2.score(2)
      Text5.Text=Student2.score(3)
      Close #1
   End Sub
```

4. 实现二进制文件的复制。

```
   Private Sub Command1_Click()
      Dim filenum1%, filenum2%, char As Byte, a () As Byte
      filenum1=FreeFile
      Open App.Path & "1.txt" For Binary As #filenum1
      _____
      Open App.Path & "2.txt" For Binary As #filenum2
      Redim a(1 to lof(1))
```

```
        Put #filenum2, ,a()
        Close #1,#2
        Msgbox "完成复制"
    End Sub
```

四、编程题

1. 统计文本文件中字母字符、数字字符、其他字符出现的个数。
2. 在案例 7.4、7.5 的基础上，实现学生记录的"查询"功能。
3. 编写程序，实现二进制文件的拆分。

第 8 章 多媒体编辑

本章讲解
- 坐标系统。
- 图形操作。
- 多媒体控件及 API 多媒体函数。

多媒体技术是一门迅速发展的综合性信息技术，它是一种将文本、声音、图像、图形、视频等多种媒体与计算机集成在一起的技术。随着计算机软硬件技术的不断发展，多媒体技术在程序开发中的应用越来越广泛。在 Windows 操作平台上，借助多媒体开发软件，可以制作出丰富多彩的多媒体产品。

8.1 图形编辑

Visual Basic 具有丰富的图形处理功能，借助于 Visual Basic 提供的坐标系统，不仅可以通过图形控件进行绘制图形的操作，还可以通过图形方法在窗体或图形框上输出各种各样的图案。本节主要讲解建立图形坐标系的方法，图形控件、图形方法及绘图属性的使用方式。

8.1.1 坐标系统

在 Visual Basic 中，控件放置在窗体或图片框等对象中，这些能放置其他对象的对象称为容器。对象在容器中的定位，需要使用容器的坐标系统。窗体就是一个容器，窗体新建时采用默认坐标系，坐标原点在窗体左上角。要改变窗体的坐标系，可采用 Scale 方法定义坐标系，也可通过对象的 ScaleTop、ScaleLeft、ScaleWidth 和 ScaleHeight 四个属性来实现。

窗体中的控件的定位由 Left、Top、Width 和 Height 四项属性确定。（Top,Left）表示控件对象左上角在窗体内的坐标位置，Width 和 Height 分别表示控件对象的宽度和高度。

例如：下面代码实现用 Scale 方法定义窗体 Form1 的坐标系。

```
Private Sub Form_Click()
  Form1.Scale(-200, 250)-(300, -150)         '自定义坐标系
  Line(-200, 0)-(300, 0)                     '画线
  Line(0, 250)-(0, -150)
  CurrentX=0: CurrentY=0: Print 0            '在当前坐标原点处输出 0
  CurrentX=280: CurrentY=20: Print "X"       '在（280,20）处输出 X
  CurrentX=10: CurrentY=240: Print "Y"       '在（10,240）处输出 Y
End Sub
```

运行结果如图 8-1 所示。

分析案例 8.1，观察在窗体的默认坐标系下和自定义坐标系下 Label1 控件位置的变化。

【案例 8.1】新建一窗体，在窗体上放置一个标签控件 Label1。设置 Label1 控件的坐标，观察 Label1 控件在窗体中的位置。

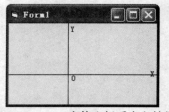

图 8-1　From1 窗体坐标系定义结果

案例分析

对象在窗体中的位置除了跟它本身的坐标有关外，还跟窗体的坐标原点的位置有关。本例主要演示在窗体的坐标原点发生改变后，对象位置的变化。

案例设计

设置 Label1 控件的 Caption 属性为"欢迎来到 VB 世界"，添加两个命令按钮 Command1 和 Command2，它们的 Caption 属性分别为"默认坐标"和"自定义坐标"。

案例实现

```
Private Sub Command1_Click()
  Cls
  Form1.Scale                           '采用默认坐标系
  Label1.Top=100: Label1.Left=100       '设置控件对象的坐标
End Sub
Private Sub Command2_Click()
  Cls
  Form1.Scale(-200, 250)-(300, -150)    '自定义坐标系
  Label1.Top=100: Label1.Left=100
End Sub
```

运行结果如图 8-2 所示。

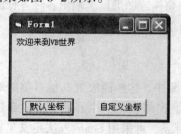

（a）默认坐标下的运行结果　　　　　　　（b）自定义坐标系下的运行结果

图 8-2　在不同坐标系下的运行结果

案例归纳

改变容器的坐标系统后，坐标系的原点就发生了变化，这样就会影响到控件对象在容器中的绝对位置，但相对于坐标系来说，控件对象的相对位置不会改变。若修改控件对象的 Top 和 Left 的值，则相对位置随之发生变化。

相关知识讲解

Visual Basic 中有两种方法用于坐标系的定义：

① 采用 Scale 方法来设置坐标系。其语法如下：

[对象.]Scale[(xLeft,yTop)-(xRight,yBotton)]

其中，(xLeft，yTop)表示对象的左上角的坐标值，(xRight，yBotton)表示对象右下角的坐标值。当 Scale 方法不带任何参数时，则采用默认坐标系。

② 通过对象的 ScaleTop、ScaleLeft、ScaleWidth 和 ScaleHeigh 四项属性来实现。如例 8.1 也可以用方法二实现。代码如下：

```
Private Sub Form_Click()
  Form1.ScaleLeft = -200: From1.ScaleLeft=250
  Form1.ScaleWidth = -200: From1.ScaleHeight=250
  Line (-200, 0)-(300, 0)
  Line (0, 250)-(0, -150)
  CurrentX=0: CurrentY=0: Print 0
  CurrentX=280: CurrentY=20: Print "X"
  CurrentX=10: CurrentY=240: Print "Y"
End Sub
```

属性 ScaleTop、ScaleLeft 的值用于控制对象左上角坐标。它们的值为 0 时，坐标原点在对象的左上角；改变 ScaleLeft 或 ScaleTop 的值后，坐标系的 X 轴或 Y 轴按此值平移形成新的坐标原点。右下角坐标值为（ScaleLeft + ScaleWidth，ScaleTop + ScaleHeight），根据左上角和右下角坐标值的大小自动设置坐标轴的正向。X 轴与 Y 轴的度量单位分别为 1/ScaleWidth 和 1/ScaleHeight，如果和为负数，则表示反向。

8.1.2 绘图属性

在绘制图形时，会用到一些绘图属性，比如线型、线宽的设置，图案颜色的填充等。在图形操作中，绘图属性主要有 CurrentX、CyrrentY、DrawMode、DraWstyle、DrawWidth、Fillcolor、FillStyle、BackColor 及 ForeColor 等属性，各属性的含义如下：

- CurrentX、CyrrentY 属性：确定当前坐标位置。
- DrawMode 属性：用来决定用什么逻辑关系将一个图案画到另一个图案上，属性值为 1~16。
- DrawWidth 属性：决定线的粗细。DrawWidth 属性用来确定在窗体或图形框等对象上画线时线的宽度，最小值为 1。如果使用控件画线，则通过 BorderWidth 属性定义线的宽度。
- DrawStyle 属性：确定在窗体、图形框或打印机对象上画线的形状，属性值为 0~6，其中 0 为默认值，代表实线；值 1~6 分别代表长画线、点线、点画线、点点画线、透明线、内实线。DrawDtyle 属性受 DrawWidth 属性值的影响，以上线型只有当 DrawWidth 属性值为 1 时才能产生。当 DrawWidth 的值大于 1 而 DrawStyle 属性值为 1~4 时，只能产生实线效果。
- Fillcolor 属性：确定填充 Shape 控件或用 Circle 和 Line 方法建立圆形和矩形时里面填充的颜色。
- FillStyle 属性：确定填充 Shape 控件或用 Circle 和 Line 方法建立圆形和矩形时里面填充的图案，属性值为 0~7，分别代表 8 种图案。
- BackColor 和 ForeColor 属性：分别决定对象的背景色和前景色。

如下面的 2 条语句：
```
Form1.Fillcolor=vbBlue
```

```
Form1.FillStyle=0
```
第 1 条语句说明填充色是蓝色，第 2 条语句说明填充图案为实填充。

8.1.3 图形控件

图形控件主要包括 Line（画线）、Shape（形状）、PictureBox（图形框）、Image（图像框）等控件。通过分析案例 8.2～案例 8.4，读者应掌握各种控件的属性应用。

【案例 8.2】 利用 Line 控件在窗体上画线。当窗体运行时，显示出窗体的横纵分割线。

案例分析

在本例中用到了多个 Line 对象，如果对每个 Line 对象都进行编码将太烦琐，所以采用控件数组的方法来编写。将 Line1～Line12 这 12 个水平方向的 Line 对象设置为一个控件数组，控件名称为 Line1，Index 值为 0～11；将 Line13～Line24 这 12 个垂直方向的 Line 对象设置为另一个控件数组，控件名称为 Line2，Index 值为 0～11。

案例设计

创建一个新的工程，在窗体 Form1 中添加多个 Line 控件，界面设计如图 8-3 所示。

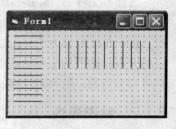

图 8-3 窗体复杂分割界面

案例实现

```
Private Sub Form_Load()
  a=50
  For Index=0 To 10 Step 2
    With Line1(Index)
      .BorderColor=vbBlue         '设置线条的颜色
      '设置控件数组 Line1 里面的第一条线的起始和结束的坐标
      .X1=0
      .X2=5000
      .Y1=a
      .Y2=.Y1
    End With
    With Line1(Index+1)
      .BorderColor=&HFF
      .BorderWidth=2              '设置线条的宽度
      .X1=Line1(Index).X1         '设置控件数组 Line1 里面第 2 条到最后一条线的坐标
      .X2=Line1(Index).X2
      .Y1=Line1(Index).Y1+20
      .Y2=.Y1
    End With
    a=a+600
  Next Index
  a=500
  For Index=0 To 10 Step 2
    With Line2(Index)
      .BorderColor=&HFF           '设置线条的颜色
      '设置线条起始和结束的坐标
      .X1=a
      .X2=.X1
      .Y1=0
      .Y2=5000
```

```
    End With
    With Line2(Index+1)
      .BorderColor=&HFF
      .BorderWidth=2
      .X1=Line2(Index).X1
      .X2=Line2(Index).X2
      .Y1=Line2(Index).Y1+20
      .Y2=.Y1
    End With
    a=a+700
  Next Index
End Sub
```

程序运行结果如图8-4所示。

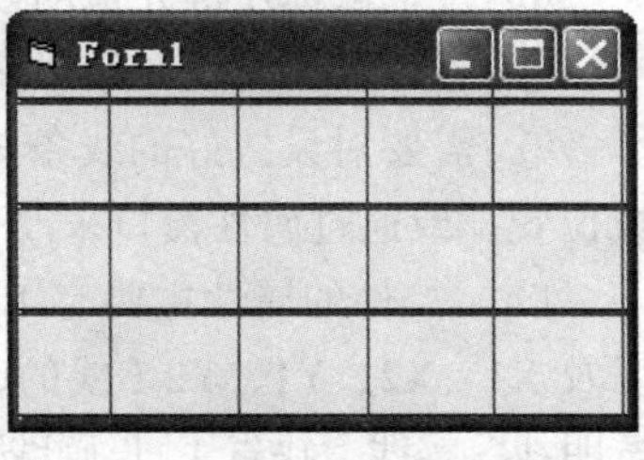

【案例8.3】显示Shape控件的6种形状,并为形状控件指定填充的图案。

案例分析
通过改变Shape控件的Shape属性值,即可显示不同的图案。

案例设计
新建1个工程,在窗体Form1中添加6个Frame控件、6个Shape控件(两种控件都设置为控件数组)。

图8-4 窗体分割的运行结果

案例实现
```
Private Sub Form_Activate()
  Dim i As Integer
  For i=0 To 5             '循环设置控件数组
    Frame1(i).Caption="Shape="&i
    '设置Frame控件的标题栏
    Shape1(i).Shape=i      '设置Shape控件的外观
    Shape1(i).FillStyle=i+1
    '设置形状控件的填充效果
  Next
End Sub
```

运行结果如图8-5所示。

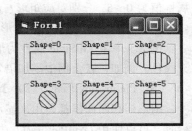

图8-5 Shape控件属性确定的形状

【案例8.4】分别用图形框和图像框加载一个图像文件(文件路径为E:\图片\tips.gif)。

案例分析
图形框和图像框都可用来显示图像文件,本案例主要演示这两种控件的不同之处。

案例设计
在窗体上放置一个图形框控件、一个图像框控件,在窗体的Load事件中编写代码。

案例实现
```
Private Sub Form_Load()
  Picture1.Picture=LoadPicture("E:\图片\tips.gif")
  Image1.Picture=LoadPicture("E:\图片\tips.gif")
End Sub
```

运行结果如图 8-6 所示。

思考：
比较两种控件中图片的显示有什么不同，为什么？

相关知识讲解

（1）Line（画线工具）

Line 控件可以用来画线。画线的操作步骤如下：

① 单击工具箱中的 Line 图标。

② 移动鼠标到要画线的起始位置。

③ 按下鼠标左键并拖动鼠标到要画线的结束处，放开鼠标左键。

④ 打开属性窗口，设置属性，如线条风格、线条颜色等。

⑤ 需要对设置好的线条进行调整时，可再单击该线条，通过鼠标的拖动来改变线条的大小或位置，或通过属性窗口来改变属性。

图 8-6　案例 8.4 的运行结果

Line 控件的属性主要有 BorderColor（线条颜色）、BorderStyle（线型）、BorderWidth（线宽）以及 X1、X2、Y1、Y2（线的起点和终点坐标）等。其中，BorderStyle 属性值为 0～6，分别代表透明线、实线（缺省）、长画线、点线、点画线、点点画线、内实线。属性值既可在属性窗口设置，也可通过代码实现。如本例中线条的颜色、宽度都通过代码来实现。

（2）Shape（形状控件）

Shape 控件可以用来画矩形、正方形、椭圆、圆、圆角矩形及圆角正方形。当 Shape 控件放到窗体中，显示为一个矩形，通过控件的 Shape 属性，可确定所需要的几何形状。Shape 控件的属性值为 0～5，分别对应矩形、正方形、椭圆、圆、圆角矩形及圆角正方形。例如，语句 Shape1.shape=1，说明所画图形为正方形。

例 8.3 中用 FillStyle 属性为形状控件指定填充的图案，也可利用 FillColor 属性为形状控件填充颜色。例如，在上例中添加语句 Form1.FillColor=vbRed，则所有图形都被填充为红色。

（3）PictureBox（图形框）、Image（图像框）

图形框和图像框都是用来显示图片的，实际显示的图片由它们的 Picture 属性确定。在程序运行时，可以使用 LoadPicture() 方法在图形和图像框中装入图形，其格式为：

图形框对象.Picture=LoadPicture("图形文件名")

图像框对象.Picture=LoadPicture("图形文件名")

例 8.4 中也可以不写代码，直接在控件属性中设置 Picture 的值即可。

图形框和图像框的区别主要有以下几点：

① 对于图形框来说，被装入的图片不能随意伸展来适应控件尺寸，但可以用图形框的 Autosize 属性来调整图形框大小以适应图形框尺寸。当 Autosize 属性设置为 Ture 时，图形框能自动调整大小与显示的图片匹配。

② 对于图像框来说，它没有 Autosize 属性，但它有 Stretch 属性。当 Stretch 属性设置为 False 时，图像框可自动改变大小以适应其中的图像，Stretch 属性设置为 True 时，加载到图像框的图形可自动调整大小以适应图像框的大小。

③ 图形框可作为其他控件的容器，而图像框不能，也就是说，在图形框里面可以放置其他控件。比如，要在图形框中画线，则语法为：

```
Picture1.Line (x1,y1)-(x2,y2) [,颜色]
```

8.1.4 图形方法

图形方法用来绘制各种图形,主要包括 Line 方法、Circle 方法和 PSet 方法。

Line 方法用于画直线或矩形。Circle 方法用于画圆、椭圆、扇形等图形。PSet 方法用于画点,也可画任意曲线。

例如:下面代码为用 Line 方法实现在窗体上绘制一个边框为红色、填充色为蓝色的矩形。

```
Private Sub Form_Paint()
  Scale(-200, 250)-(250,-200)
  Form1.FillColor=vbBlue                      '设置填充颜色
  Form1.FillStyle=0                           '设置填充图案
  Line(50,50)-(180,180),vbRed,B               '画矩形
End Sub
```

【案例 8.5】使用 Line 方法在窗体上绘制图案,把一个半径为 r 的圆等分为 n 份,然后用直线将这些点两两相连。

案例分析

给定两个点坐标,就可用 Line 方法来画直线。通过一定的算法不断改变两点坐标,可以绘制出复杂的图案。

案例设计

将一个圆 n 等分,在圆上第 i 个等分点的坐标为:xi=r*cos(i*t)+x0,yi=r*sin(i*t)+y0,在双重循环中用 Line 方法将这些点相连。

案例实现

```
Private Sub Form_Click()
  Dim x0 As Single
  Dim y0 As Single
  Dim r1 As Single
  Dim n As Integer
  Dim t As Single
  x0=ScaleWidth/2
  y0=ScaleHeight/2
  r1=1000
  n=Int(10*Rnd+3)                             '随机得到 n 的值
  t=360/n
  For i=1 To n Step 1
    For j=i+1 To n Step 1
      R=255*Rnd                               '随机取色
      G=255*Rnd
      B=255*Rnd
      Line(r1*Cos(i*t)+x0, r1*Sin(i*t)+y0)-(r1*Cos(j*t)+x0, r1*Sin(j*t)+y0),RGB(R,G,B)
                                              '画线
    Next j
  Next i
End Sub
```

运行结果如图 8-7 所示。

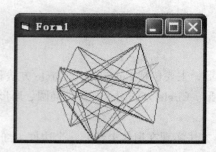

图 8-7　绘制艺术图案

【案例 8.6】 用 Circle 方法实现图 8-8 所示的艺术图案。

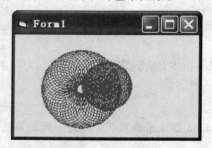

图 8-8　艺术图案的运行结果

案例分析

通过一定的算法来循环改变圆心的坐标，用 Circle 方法即可绘制出复杂的艺术图案。

案例设计

将一个半径为 r 的圆等分为 n 份，再分别以 n 个等分点为圆心，以上次所绘制圆的半径的 0.8 倍为新的半径画圆。

案例实现

```
Private Sub Form_Click()
  Dim r, a, b, x, y, p As Single
  Cls
  r=400                                '圆半径
  x=1200                               '圆心
  y=1000
  p=3.1415926/25                       '等分圆周
  For i=0 To 6.283185 Step p           '利用循环绘制多个圆
    a=r*Cos(i)+x                       '圆周上等分点的坐标
    b=r*Sin(i)+y
    Circle(a, b), r*0.8                '画圆
    Form1.ForeColor=RGB(255, 0, 255)   '设置窗体的前景色，即画圆的颜色
  Next i
  '改变圆心及半径的值
  r=Form1.ScaleHeight/8
  x=Form1.ScaleWidth/2
  y=Form1.ScaleHeight/2
  p=3.1415926/25
```

```
For i=0 To 6.283185 Step p
    a=r*Cos(i)+x
    b=r*Sin(i)+y
    Circle (a, b), r*0.8
    Form1.ForeColor=RGB(255, 0, 255)
Next i
End Sub
```

程序运行结果如图 8-8 所示。

【案例 8.7】在窗体上用 PSet 方法绘制[0°，360°]的一条蓝色正弦曲线和一条红色余弦曲线。

案例分析
PSet 方法是用来绘制点的，点能够构成线，所以 PSet 方法也用来绘制曲线。

案例设计
在 0～360 之间，用循环语句来改变点的坐标，再用 PSet 方法来实现曲线的绘制。

案例实现
```
Private Sub Form_Click()
  Scale(0, 1)-(360, -1)
  DrawWidth=2
  For x=0 To 360
    y=Cos(x*3.14/180)      '余弦曲线上的点的坐标对应关系
    PSet(x, y), vbRed      '用 PSet 方法绘制红色的点
    y=Sin(x*3.14/180)      '正弦曲线上的点的坐标对应关系
    PSet(x, y), vbBlue
  Next x
End Sub
```

程序运行结果如图 8-9 所示。

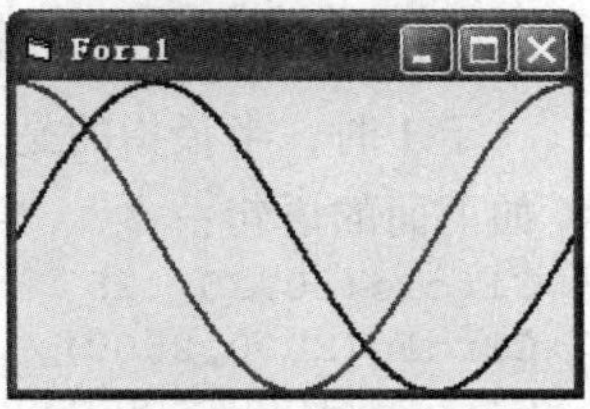

图 8-9 正余弦曲线图

相关知识讲解
（1）Line 方法

Line 方法用于画直线或矩形，其语法格式如下：

[对象.] Line[[Step](x1,y1)]-(x2,y2)[,颜色][,B[F]]

各参数含义如下：

- 对象：指示 Line 在何处产生结果，它可以是窗体或图形框，省略时为当前窗口。
- (x1,y1)：为线段的起点坐标或矩形的左上角坐标。
- (x2,y2)：为线段的终点坐标或矩形的右下角坐标。
- Step：表示采用当前作图位置的相对值。
- B：表示画矩形。
- F：表示用画矩形的颜色来填充矩形。
- 颜色：说明画线的颜色，可以直接指定值，也可以使用颜色函数 RGB 和 QBColor。RGB 函数通过红、绿、蓝三基色混合产生某种颜色，其语法为 RGB（红，绿，蓝），括号中红、绿、蓝分别用 0～255 之间的整数，例如 RGB(0,0,0) 返回黑色。QBColor 函数采用 QuickBasic 所使用的 16 种颜色，其语法格式为：QBColor（颜色码），颜色码使用 0～15 之间的整数，

每个整数代表一种颜色,实际使用中返回的是一个 6 位的十六进制数。
如代码:
```
Private Sub Form_Paint()
   Scale(-200, 250)-(250, -200)
   Form1.FillStyle=0                        '设置填充图案
   Line(50, 50)-(180, 180), vbRed, BF       '画矩形
End Sub
```
则所绘矩形的边框为红色、填充色也为红色。

(2) Circle 方法

Circle 方法用于画圆、椭圆、圆弧和扇形。其语法格式如下:

[对象.]Circle[[Step](x,y),半径[,颜色][,起始角][,终止角][,长短轴比率]]

各参数含义为:
- 对象:指示 Circle 在何处产生结果,它可以是窗体或图形框,省略时为当前窗体。
- (x,y):圆心坐标。
- Step:表示采用当前作图位置的相对值。
- 颜色:绘制图形的颜色。
- 起始角、终止角:当起始角、终止角取值在 $0 \sim 2\pi$ 时画出圆弧;当在起始角、终止角取值前加一负号时画出扇形,负号表示圆心到圆弧的径向线。
- 长短轴比率:椭圆纵横比,当比率小于 1 时,半径指的是水平方向的半径;当比率的值大于 1 时,半径指的是垂直方向的半径。

如下面的语句:
```
Circle(20,20),15                             '绘制圆形
Circle(2000,2000), 1500, 0.5                 '绘制纵横比为 1/2 的椭圆
Circle(1000,1000),800,vbRed,-3.14/4,-3.14*3/4  '绘制扇形
Circle(800,800),600,-0.01,1.57               '绘制圆弧
```

(3) PSet 方法

利用窗体或图片框的 PSet 方法可以在任意位置画任意大小的点,其语法如下:

[对象.]PSet[Step](x,y)[,颜色]

各参数含义为:
- 对象:可以是窗体或图片框,默认为当前窗体。
- (x,y):为所画点的坐标。
- Step:表示采用当前作图位置的相对值。
- 颜色:点的颜色值。

如果将点颜色设置为背景色,可清除某个位置的点,如语句 PSet(x,y),BackColor,将该点设为擦除点。利用 PSet 方法,也可画任意曲线。

绘图方法除了上面讲的几种外,还有很多方法,如 Point 方法、PaintPicture 方法等也是经常用到的。Point 方法用于返回指定点的颜色,其语法为:

[对象.] Point (x,y)

其中(x,y)为所画点的坐标。Point 方法主要用在图像、文字等的复制操作中。PaintPicture 方法主要用在图形漫游方面,实现从源控件到目标控件的图像的复制。

经验交流

要设计出复杂、漂亮的图案,除了掌握图形操作的相关知识外,更要切实了解 Visual Basic 语言的功能,掌握一些基本的算法。

8.2 音频与视频的应用

Visual Basic 是开发多媒体应用程序的理想工具之一,本节主要讲解如何利用 Visual Basic 提供的多媒体控件和 API 多媒体函数来实现多媒体应用程序的开发。

下面讲解使用多媒体控件制作播放音频及视频文件的播放器,了解在多媒体程序设计中常用的 API 函数。

通过分析案例 8.8 和案例 8.9,了解 API 函数、MMControl 控件的使用方法。

【案例 8.8】用 MMControl 控件制作能够播放 .avi、.mid 和 .wav 文件类型的播放器。

案例分析

用 MMControl 控件制作播放器,主要是通过该控件的属性及响应的事件来实现。

案例设计

新建一个工程,在窗体上添加 1 个 MMControl 控件、1 个 CommonDialog 控件、2 个 Command 控件、2 个 CheckBox 控件、6 个标签控件,设计界面如图 8-10 所示。

各主要控件的属性设置如表 8-1 所示。

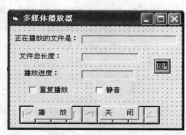

图 8-10 AVI 视频播放器界面设计

表 8-1 主要控件的属性

控 件 名 称	属 性 名 称	属 性 值
MMControl	Name	MMControl1
CommonDialog	Name	DiaOpen
Command1	Name	ComPlay
	Caption	播　　放
Command2	Name	ComClose
	Caption	关　　闭
Label1	Name	LabFile
Label2	Name	LabLen
Label2	Name	LabPlay
CheckBox	Name	CheckBox1
	Caption	重复播放
CheckBox	Name	CheckBox2
	Caption	静音

案例实现

代码如下:

```
Private Sub Check2_Click()
  If Check2.Value=1 Then
    MMControl1.Silent=True               '关闭 AVI 文件的声音
  Else
    MMControl1.Silent=False              '打开 AVI 文件的声音
  End If
End Sub
Private Sub ComClose_Click()
  MMControl1.Command="close"
End Sub
Private Sub ComPlay_Click()
  MMControl1.Command="close"
  DiaOpen.Filter="Wav 文件|*.wav|MIDI 文件|*.mid|AVI 文件|*.avi"'打开的文件类型
  DiaOpen.ShowOpen                       '显示打开对话框
  MMControl1.FileName=DiaOpen.FileName
  MMControl1.Command="open"              '打开 MMControl 控件控制的多媒体设备
  MMControl1.Command="play"
  LabFile.Caption=DiaOpen.FileName
End Sub
Private Sub Form_Load()
  '初始化
  MMControl1.Visible=False
  MMControl1.Notify=True
  MMControl1.Shareable=False
  MMControl1.TimeFormat=0
End Sub
Private Sub Form_Unload(Cancel As Integer)
  MMControl1.Command="close"             '关闭 MMControl 控件控制的多媒体设备
End Sub
Private Sub MMControl1_StatusUpdate()
  LabLen.Caption=MMControl1.Length/1000     '计算文件总长度,单位为秒
  LabPlay.Caption=MMControl1.Position/1000  '动态显示当前的播放位置
End Sub
Private Sub MMControl1_Done(NotifyCode As Integer)
  If MMControl1.Position=MMControl1.Length Then   '如果文件播放结束
    MMControl1.Command="prev"                     '倒回至文件的起点
    If Check1.Value=1 Then                        '如果选择了自动重复播放
      MMControl1.Command="play"
    End If
  End If
End Sub
```

运行窗体,单击"播放"按钮,在弹出的对话框中选择要播放的文件,即可实现播放。运行结果如图 8-11 所示。

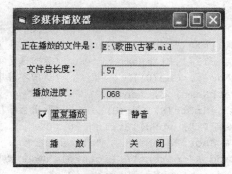

图 8-11　播放器运行界面

案例归纳

MMControl 控件自带一组相关播放的按钮,在允许用户从 MMControl 控件选取按钮之前,应用程序必须先将 MCI 设备打开,并在 MMControl 控件上启用适当的按钮。打开 MCI 设备的语法为 MMControl1.Command ="open",最后还要用 Close 命令关闭设备。

【案例 8.9】使用 API()函数来制作一个简单视频播放程序。

案例分析

不用 Visual Basic 自带的多媒体控件,通过 API 函数中几个与多媒体编程相关的函数来编程实现视频文件的播放

案例设计

新建一个工程,在窗体上添加 1 个 PictureBox 控件、1 个 DirlistBox 控件、1 个 FileListBox 控件、1 个 DriveListBox 控件、2 个命令按钮、1 个标签控件。各控件的主要属性设置如表 8-2 所示。

表 8-2　各控件的主要属性设置

控 件 名 称	属 性 名 称	属 性 值
PictureBox	Name	Picture1
	DrawMode	3 – copy pen
DirlistBox	Name	Dir1
FileListBox	Name	File1
	Pattern	*.avi
DriveListBox	Name	Drive1
Command1	Name	Command1
	Caption	播放
Command2	Name	Command2
	Caption	停止播放

案例实现

在代码窗口添加如下代码:
```
Option Explicit
Private Sub Command1_Click()
  Dim PathName As String, S As String, ShortPathName As String
```

```
    Dim mciCommand As String
    PathName=File1.Path                              '定义一个 PathName 对象
    If Right(PathName, 1)<>"\" Then PathName=PathName & "\"
    PathName=PathName & File1.FileName               '返回选定文件的路径和名称
    S=String(LenB(PathName), Chr(0))                 '返回字符串的第一行
    GetShortPathName PathName, S, Len(S)
    ShortPathName=Left(S, InStr(S, Chr(0))-1)        '取出 S 字符串中第一行的内容赋给变量
    mciSendString "close PT", vbNullString, 0, 0     '传送控制信息
    mciCommand="open " & ShortPathName & " alias PT "  '打开 PT.avi 文件
    mciCommand=mciCommand &" parent"& Picture1.hWnd & " style child"
    mciSendString mciCommand, vbNullString, 0, 0
    With Picture1
      .ScaleMode=vbPixels
      mciCommand="put PT window at 0 0 " & _
      .ScaleWidth &" "& .ScaleHeight
      mciSendString mciCommand, vbNullString, 0, 0
    End With
    mciSendString "play PT", vbNullString, 0, 0      '播放指定文件
End Sub
Private Sub Command2_Click()
    mciSendString "close PT", vbNullString, 0, 0
End Sub
Private Sub Dir1_Change()                            '目录列表框的内容改变时发生的事件
    File1.Path=Dir1.Path                             '获取文件路径
End Sub
Private Sub Drive1_Change()
    Dir1.Path=Drive1.Drive                           '获取驱动器信息
End Sub
Private Sub Form_Unload(Cancel As Integer)
    mciSendString "close PT ", vbNullString, 0, 0    '关闭文件
End Sub
```

运行程序,在某个磁盘上选择要播放的文件,单击"播放"按钮,运行结果如图 8-12 所示。

图 8-12 文件播放的运行界面

案例归纳

本例说明可以不用 Visual Basic 自带的多媒体控件,而用 API 函数就可以播放媒体文件。在实际应用中,由于 API()函数具有 Visual Basic 本身不具备的优越性,所以用此方法可设计出更好的多媒体控制程序。

经验交流

在多媒体编程中,如果能够熟练掌握相关的 API 多媒体函数,会设计出更专业的多媒体软件。

相关知识讲解

（1）MMControl 控件

MMControl 控件是 Visual Basic 6.0 中进行多媒体程序设计的重要部件。在使用前需要通过"工程"菜单的"部件"命令将 Mircrosoft Multimedia Control 6.0 加载到工具箱内。MMControl 控件的主要属性如表 8-3 所示。

表 8-3　MMControl 控件的主要属性

属 性 名	属 性 值	说　　明
AutoEnable	True 或 False	能否自动检测功能按钮的状态
按钮的 Enabled	True 或 False	某功能按钮有效否
按钮的 visible	True 或 False	某功能按钮可见否
Command	MCI 命令	执行一条多媒体 MCI 命令
Device Type	设备类代号	设置要使用的多媒体设备
FileName	文件名	设置媒体设备打开或存储的文件名
Frames	长整形数	设置多媒体设备进退时的帧数
From 与 To	长整形数	播放的起始、终止位置
hWndDisplay	长整形数	指定电影播放窗口
length	长整形数	返回所使用的多媒体文件长度
Mode	524（未打开） 525（停止） 526（播放中） 527（记录中） 528（搜索中） 529（暂停）	返回媒体设备状态
Notify	True 或 False	MCI 命令完成后,要否发生 Done 事件
NotifyFormat	1-命令成功执行 2-被其他命令所代替 3-被用户中断 4-命令失败	MCI 命令执行结果
Position	长整形数	返回所用 MCI 设备的当前位置
Silent	True 或 False	设定是否播放声音
Track	长整形数	指定媒体设备的轨道
TrackLength	长整形数	当前轨道长度
TracksPosition	长整形数	当前轨道位置
Tracks	长整形数	媒体设备的轨道总数
UpdateInterval	整形数	设定 StatusUpdate 事件之间的微秒数

MMControl 控件的外观上有 9 各按钮，按顺序分别被定义为 Prev、Next、Play、Pause、Back、Step、Stop、Record 和 Eject，该控件上的 9 个按钮都响应 Click 事件、Completed 事件、Done 事件、GetFocus 事件、LostFocus 事件、StatusUpdate 事件等，利用该控件，既可实现音频文件的播放，也可实现视频文件的播放。

MMControl 控件可以通过多种方法编程，在运行时，控件可以是可见的，也可以是不可见的。如果要想使用控件中的按钮，要将 Visible 和 Enabled 属性设为 True。如果不想使用控件中的按钮，只是想用 MMControl 控件的多媒体功能，可将 Visible 和 Enabled 属性设置为 False。

（2）API 函数

API 函数是一些用 C 语言编写的由操作系统自身调用的函数，用来控制 Windows 各个部件的外观和行为。在 Visual Basic 中，用 API 函数实现多媒体主要是调用 Windows 的 mmsystem.dll 库，调用 API 函数之前必须先进行声明。在 Visual Basic 中，声明 API 函数有两种方法。

① 如果只在某个窗体中使用 API 函数，可以在窗体代码的 General 部分声明，声明的语法是：
Private Declare Function …
Private Declare Sub…

这里必须采用 Private 声明，因为这个 API 函数只能被一个窗体内的程序所调用。

② 如果程序由多个窗体构成，而且需要在多个窗体中使用同一个 API 函数，就需要在模块中声明。先在工程中添加一个模块，然后采用如下语法声明：
Public Declare Function…
Public Declare Sub…

Public 声明的含义是把 API 函数作为一个公共函数或过程，在一个工程中的任何位置（包括所有的窗体和模块）都能直接调用它，声明完毕就能在程序中使用此 API 函数。

可通过 Visual Basic 程序组中的"API 文本浏览器"工具找到所要函数，并直接复制到程序中。利用 API 函数中的几个与多媒体编程相关的函数，可编写播放各种媒体格式的程序，在多媒体程序设计中常用的 API 函数如下：

- McIExecute()：这是一个很简单的函数，只有一个参数即 MCI 指令字符串。当出现错误时，自动弹出对话框。
- MciSendString()：功能与上面的函数相同，但它可以传送相应的信息给应用程序。使用时需要 4 个参数：第一个是 MCI 命令字符串，第二个是缓冲区，第三个是缓冲区长度，第四个在 Visual Basic 中可置为 0。
- MciGetErrorString()：说明上一个命令传回的错误代码所表示的意义。
- Parse()：处理所传回来的文字信息，一般可通过 Visual Basic 的 Instr()函数配合搜索指定的字符串进行工作。

习 题

一、简答题

1. 怎样建立用户坐标系？
2. 怎样用 Circle 方法画圆、椭圆、圆弧和扇形？

3. PictureBox 控件和 Image 控件有什么区别？
4. 如何在运行时装入或删除图片框或图像框中的图形？
5. 绘图属性有哪些？各自的含义是什么？
6. 如何打开和关闭 MMControl 控件控制的多媒体设备？
7. MMControl 控件的 Done 事件和 StatusUpdate 事件的触发条件和作用是什么？

二、设计题

1. 利用所学的知识设计一个电子贺年卡。
2. 用图像框或图形框载入一幅图片，利用绘图属性改变当前的坐标，实现图片的旋转。
3. 利用 MMControl 控件设计一个 CD 播放器。

第 9 章　数　据　库

本章讲解
- 关系数据库的基本概念。
- Visual Basic 中数据库的访问技术。
- SQL 语句。

数据库技术是计算机应用的一个主要方向，随着计算机技术和互联网的迅速发展，数据库技术已经深入到社会生活的各个方面，如企业管理、工程管理、数据统计等领域都在利用数据库技术。Visual Basic 提供了强大的数据库存取能力，它将 Windows 的各种先进特性与数据库管理功能有机地集合在一起来实现数据库编程。Visual Basic 可以访问各种主流数据库，如 Access、SQL Server、Oracle 等。

9.1　数据库基础知识

9.1.1　关系数据库的基本概念

1. 数据库（Database）

数据库是相互关联的数据的集合，使用多种方法进行数据的存取，允许多个用户共享访问，并能保证数据的安全、正确性和一致性。

Visual Basic 中使用的数据库是关系型数据库（Relational Batabase），关系型数据库由一个或多个二维表组成。每个数据库都以文件的形式存放在磁盘上，即对应于一个物理文件。

2. 数据表（Table）

数据表即关系数据库中物理存在的二维表。数据库的数据是以表为单位进行组织的，表中的每一行称为记录（Record），每一列是一个属性值的集合，称为属性或字段（Field）。例如，一个班所有学生的考试成绩，可以存放在一个表中，表中的每一行对应一个学生，这一行包括学生的学号、姓名及各门课程成绩。

3. 索引（Index）

为了提高访问数据库的效率，可以对数据库使用索引。当数据库较大时，为了查找指定的记录，则使用索引与不使用索引的效率有很大的差别。索引实际上是一种特殊类型的表，其中含有关键字段的值（由用户定义）和指向实际记录位置的指针，这些值和指针按照特定的顺序（也由用户定义）存储，从而可以以较快的速度查找到所需要的数据记录。

4. 查询（Query）

一条 SQL(结构化查询语言)命令用来从一个或多个表中获取一组指定的记录，或者对某个表执行指定的操作。当从数据库中读取数据时，往往希望读出的数据符合某些条件，并且能按某个字段排序。使用 SQL 可以使这个操作容易实现而且更加有效。SQL 是非过程化语言（有人称为第四代语言），用它查找指定的记录时，只需指出做什么，不必说明如何做。每个语句可以看作是一个查询，根据这个查询，可以得到需要的查询结果。

5. 过滤器（Filter）

过滤器是数据库的一个组成部分，它把索引和排序结合起来，用来设置条件，然后根据给定的条件输出所需要的数据。

6. 浏览（View）

数据的视图指的是查找到（或者处理）的记录数和显示（或者进行处理）这些记录的顺序。在一般情况下，视图由过滤器和索引控制。

7. SQL

一种数据库管理中的通用结构化查询语言（具体参见 SQL 相关知识）。

9.1.2　Visual Basic 数据库管理器简介

Visual Basic 可以访问到任何主流的数据库，包括 Access、FoxPro、SQL Server、Oracle 等。最简单直接的方法是利用 Visual Basic 内置的数据库管理器来创建 Access 数据库。下面以创建一个"学生管理"数据库为例来介绍数据库管理器的使用方法。

① 在 Visual Basic 开发环境中选择"外接程序"菜单中的"可视化数据管理器"命令，启动 VisData，界面如图 9-1 所示。

② 选择"文件"→"新建"→Microsoft Access→Version 7.0 MDB 命令，在打开的窗口中输入要创建的数据库文件名"学生管理"，并选择保存路径，单击"保存"按钮，进入如图 9-2 所示界面。

图 9-1　数据库管理器界面

图 9-2　数据库窗口

③ 由于是创建数据库，所以窗口中只有属性列表(Properties)，在数据库窗口右击，选择"新建表"命令，打开"表结构"对话框，如图 9-3 所示。

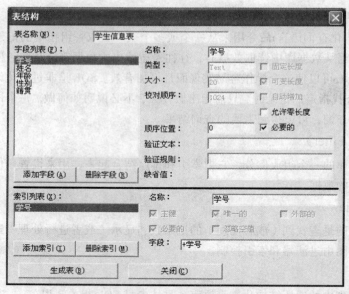

图 9-3 "表结构"对话框

④ 在"表名称"栏中输入数据表名"学生信息表",单击"添加字段"按钮,打开"添加字段"对话框,如图 9-4 所示。

⑤ 在对应的文本框中输入字段名称,设置类型、大小和缺省值等,单击"确定"按钮向表中加入已定义的字段。重复此步骤添加表中所有的字段,然后单击"关闭"按钮,返回到"表结构"对话框,在"表结构"对话框中可对表进行进一步的设置和修改,如设置索引字段或删除字段等。在本例中设置"学号"为索引字段,索引方式选中"唯一的",这样保证所建表中不允许出现相同学号的记录,如图 9-5 所示。

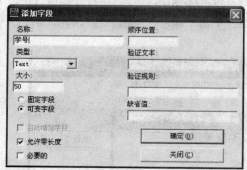

图 9-4 添加字段对话框

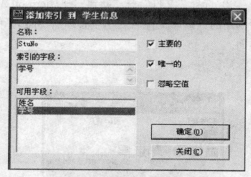

图 9-5 设置索引字段

⑥ 单击"确定"按钮返回到"表结构"对话框,在"表结构"对话框中单击"生成表"按钮,即创建了一个新表。在数据库窗口,可以发现创建了一个"学生信息表",如图 9-6 所示。

⑦ 重复创建表步骤,可在数据库中建立多张表。至此,已建好了表的数据结构,接下来就是向表中输入数据。在图 9-6 所示界面中,双击表名或在表名上右击选择"打开"命令,打开如图 9-7 所示的窗口,单击"添加"按钮,可添加记录。单击"编辑"按钮,可对记录进行修改。

图 9-6　数据库窗口

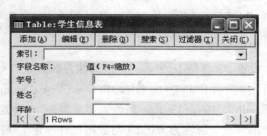
图 9-7　表输入窗口

⑧ 单击"添加"按钮,打开添加记录窗口,如图 9-8 所示。在对应的文本框中输入字段的值,单击"更新"按钮,完成记录的输入。

图 9-8　添加记录窗口

如果要在已存在的数据库文件内增加新表,只需在数据管理器"文件"菜单中选择"打开数据库"命令,其余操作过程与建立数据表的操作相同。

9.2　数据库访问技术应用

用 Visual Basic 实现对数据库的访问是 Visual Basic 编程的一个重要的技术。本节主要讲解利用 Data 控件、ADO 技术实现对数据库的访问及利用 SQL 语句对数据表进行操作的方法。

9.2.1　Data 控件

Data 控件是早期应用在 Visual Basic 数据库编程方面的技术,它是 Visual Basic 中的基本控件。利用 Data 控件的属性设置,即可浏览数据库内容;利用 Data 控件记录集的方法,可实现对数据库记录的增加、删除等操作。

分析案例 9.1~案例 9.3,掌握 Data 控件的常用属性及方法的应用。

【案例 9.1】利用 Data 控件和数据绑定控件 MSFlexGrid 浏览成绩管理数据库中的成绩表。

案例分析

只需设置 Data 控件的 DatabaseName、RecordSource 属性即可连接数据源,设置 DataGrid 的 DataSource 属性即可显示记录,不需要编写任何代码。

案例设计

新建一个标准 EXE 工程,在窗体上添加 1 个 Data 控件、1 个 MSFlexGrid 控件,界面设计如图 9-9 所示。

图 9-9　界面设计

注意：在使用 MSFlexGrid 控件前，必须通过"工程"→"部件"命令选择 Microsoft FlexGrid Control 6.0（OLE DB）选项，将 MsFlexGrid 控件添加到工具箱中。

案例实现

设置 Data1 的 DatabaseName 属性为数据库的实际路径及文件名（本例为 C:\Program Files\Microsoft Visual Studio\VB98\成绩管理.mdb），RecordSource 属性为"成绩表"，设置 MSFlexGrid 的 DataSource 属性为 Data1（与数据控件绑定），FixedCols 属性值为 0。

启动窗体，运行结果如图 9-10 所示。

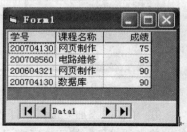

图 9-10　案例 9.1 的运行结果

【**案例 9.2**】利用 Data 控件访问学生信息数据库，并对数据库中的记录进行增删操作。

案例分析

Data 控件的 RecordSource 属性确定的可访问的数据构成记录集（Recordset），通过调用记录集的方法可实现对记录的不同操作。

案例设计

新建一个标准工程，为窗体添加 5 个 CommandButton 控件（Caption 属性设置为增加、删除、退出、确认、取消），5 个 Label 控件（Caption 属性设置为学号、姓名、年龄、性别、籍贯），5 个 TextBox 控件，1 个 Data 控件，各控件的 Name 属性均采用默认名，窗体设计界面如图 9-11 所示。

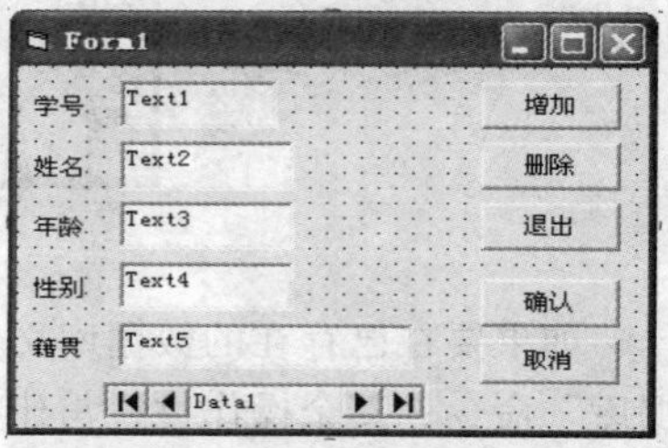

图 9-11　窗体设计界面

案例实现

双击窗体，为程序添加如下代码：

```
Private Sub ShowMe()    '隐藏command1,command2,显示command3,command4
  Command1.Enabled=False
  Command2.Enabled=False
  Command4.Enabled=True
  Command5.Enabled=True
End Sub
Private Sub HideMe()    '隐藏command3,command4,显示command1,command2
  Command4.Enabled=False
  Command5.Enabled=False
  Command1.Enabled=True
  Command2.Enabled=True
End Sub
Private Sub Command1_Click()
  ShowMe
  Data1.Recordset.AddNew                    '调用 AddNew 方法增加记录
End Sub
Private Sub Command2_Click()
  Dim Msg, Style, Title, Response
```

```
    Msg="真的删除?"                              '定义信息
    Style=vbYesNo                                 '定义按钮
    Title="警告"                                  '定义标题
    Response=MsgBox(Msg, Style, Title)
    If Response=vbYes Then                        '用户单击"是"
        Data1.Recordset.Delete                    '调用 Delete 方法删除记录
    End If
    If Not Data1.Recordset.EOF Then               '如果不是最后一条记录,则记录指针向后移
        Data1.Recordset.MoveNext
    Else: Data1.Recordset.MoveFirst               '否则移到第一条记录处
    End If
End Sub
Private Sub Command3_Click()                      '退出
    End
End Sub
Private Sub Command4_Click()
    Data1.Recordset.Update                        'Update 方法将新添记录放入数据库中
    Data1.Recordset.MoveLast
    HideMe
End Sub
Private Sub Command5_Click()
    Data1.Recordset.CancelUpdate      'CancelUpdate 方法不更新数据库,新添记录丢失
    HidenMe
End Sub
Private Sub Data1_Reposition()
    Data1.Caption=Data1.Recordset.AbsolutePosition
End Sub
Private Sub Form_Load()
    HideMe
End Sub
```

运行结果如图 9-12 所示。

图 9-12 窗体的运行结果

说明：本例中要使程序正确运行，必须设置好 Data1 的 DatabaseName 和 RecordSource 属性，以确定数据源（本例中的数据源为学生信息数据库中的学生信息表），同时还要设置 TextBox 控件的 DataSource 属性和 DataField 属性，以便与数据表中的字段绑定，具体操作可参阅本小节的相关知识讲解部分。

案例归纳

通过 Data 控件和数据绑定控件可以方便地浏览数据库表中的数据，利用 Data 控件的 4 个箭头可遍历整个记录集中的记录，从左到右分别为第一条记录、上一条记录、下一条记录、最后一条记录。但要完成信息的录入和记录的删除，则需要通过编写代码来实现。

【**案例 9.3**】访问通讯录数据库，实现对记录的浏览和按一定条件查询记录的功能。

案例分析

在本例中增加了一个查询的功能，可以借助 Find 方法来实现。

案例设计

新建一个标准工程，在窗体上添加 1 个 Data 控件、5 个命令按钮、5 个 Label 控件（分别为姓名、电话、手机、寻呼、住址）、6 个 TextBox 控件、1 个 ComboBox 控件，窗体布局如图 9-13 所示。

主要控件的属性设置见表 9-1（Text1～Text5 的属性设置可参考上例的设置方法）。

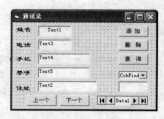

图 9-13　窗体布局

表 9-1　属 性 设 置

控 件 名 称	属 性 名 称	属 性 值
ComboBox	Name	CobFind
	Style	2
Data	Name	Data1
	DatabaseName	E:\通讯录.mdb
	RecordSource	Telbook
Command1	Name	ComAdd
	Caption	添加
Command2	Name	ComDel
	Caption	删除
Command3	Name	ComFind
	Caption	查询
Command4	Name	comprev
	Caption	上一个
Command5	Name	comnext
	Caption	下一个
TextBox6	Name	TexFind

案例实现

```
Private Sub Form_Load()
  Dim dbpath As String
  Data1.Visible = False
  CobFind.AddItem "姓名"
  CobFind.AddItem "电话"
  CobFind.AddItem "住址"
  CobFind.AddItem "手机"
  CobFind.AddItem "传呼"
  CobFind.Text = "姓名"
End Sub
Private Sub ComAdd_Click()                    '添加记录
  If ComAdd.Caption="确 定" Then
    On Error GoTo errorhandler               '错误处理
    Data1.UpdateRecord                       '更新记录集
    Data1.Recordset.MoveLast                 '移动到最后一条记录
```

```
      comprev.Enabled=True
      comnext.Enabled=True
      ComDel.Enabled=True
      ComFind.Enabled=True
      ComAdd.Caption="添 加"
    Else
      Data1.Recordset.AddNew                    '添加新的记录
      ComAdd.Caption="确 定"
      comprev.Enabled=False
      comnext.Enabled=False
      ComDel.Enabled=False
      ComFind.Enabled=False
    End If
   Exit Sub
   '错误处理
   errorhandler:
   If Err.Number=524 Then                       'Err 函数返回 524 号出错号
      MsgBox "该记录已存在！", 48, "警告"        '输入的姓名相同
   End If
   Resume                                       '再次执行原出错语句
End Sub
Private Sub ComDel_Click()                      '删除记录
   Dim i As Integer
   i=MsgBox("真的要删除当前记录吗？", 52, "警告")
   If i=6 Then
   '删除记录
      Data1.Recordset.Delete
      Data1.Refresh                             ' 激活 Data1 控件
   End If
End Sub
Private Sub comnext_Click()                     '下一个
   Data1.Recordset.MoveNext
   comprev.Enabled=True
   If Data1.Recordset.EOF Then                  '判定记录是否在末记录之后
      Data1.Recordset.MoveLast
      comnext.Enabled=False
   End If
End Sub
Private Sub comprev_Click()                     '上一个
   Data1.Recordset.MovePrevious
   comnext.Enabled=True
   If Data1.Recordset.BOF Then                  '当前指针在首记录之前
      Data1.Recordset.MoveFirst
      comprev.Enabled=False
   End If
End Sub
Private Sub ComFind_Click()                     '查询
   If TexFind.Text="" Then
      MsgBox "请输入查询内容！", 48, "提示"
      Exit Sub
```

```
    End If
    If CobFind.Text = "姓名" Then
      '从记录集中查找满足条件的第一条记录
      Data1.Recordset.FindFirst "姓名=" & "'" & TexFind.Text & "'"
    ElseIf CobFind.Text="电话" Then
      Data1.Recordset.FindFirst "电话=" & "'" & TexFind.Text & "'"
    ElseIf CobFind.Text="住址" Then
      Data1.Recordset.FindFirst "住址=" & "'" & TexFind.Text & "'"
    ElseIf CobFind.Text="手机" Then
      Data1.Recordset.FindFirst "手机=" & "'" & TexFind.Text & "'"
    ElseIf CobFind.Text="寻呼" Then
      Data1.Recordset.FindFirst "传呼=" & "'" & TexFind.Text & "'"
    End If
    If Data1.Recordset.NoMatch Then           '如果没找到相匹配的记录
      MsgBox "记录不存在", 64, "提示"
    End If
End Sub
```

运行窗体，查询条件选择姓名，在组合框下面的文本框中输入要查找的姓名，单击"查询"按钮即可出现查询结果，如图9-14所示。

案例归纳

使用 Find 方法可在指定的记录集中查找与指定条件相符的一条记录，每次可查询到一个记录。查找条件通常是指定字段值与常量关系的字符串表达式。在本例中，查找语句 "Data1.Recordset.FindFirst "姓名 =" & "'" & TexFind.Text & "'"" 即为查找记录集中的字段"姓名"的值与文本框 TexFind 中的内容相符的记录。

图 9-14 运行结果界面

经验交流

如果是开发单系统应用程序，数据库是 Access 数据库，并且是本地使用，采用 Data 控件访问数据库也是很方便的。

相关知识讲解

Data 控件通过 Microsoft JET 数据库引擎接口实现数据访问，主要是通过它的 3 个基本属性 Connect、DatabaseName 和 RecordSource 的设置来访问数据源。其中：

- Connect 属性指定数据控件所要连接的数据库类型。
- DatabaseName 属性指定具体使用的数据库文件名，包括所有的路径名。如果连接的数据库中只有一个表，则 DatabaseName 属性设置为数据库文件所在的子目录，而具体的文件名放在 RecordSource 属性中。
- RecordSource 属性确定具体可访问的数据，该属性值可以是数据库中的单个表名，一个存储查询，也可以是使用 SQL 查询语句的一个查询字符串，这些数据构成记录集对象 Recordset。

案例 9.2 中 Data 控件的 3 个属性设置如图 9-15 所示。

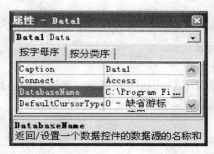 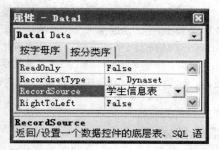

图 9-15　三个基本属性设置

Data 控件的其他属性可参阅帮助系统了解。

Data 控件本身不能直接显示记录集中的数据，必须通过能与它绑定的控件来实现，如文本框、标签、图形框、组合框、数据网格等。在使用绑定控件时，必须对绑定控件的两个属性进行设置：

① DataSource 属性，该属性的值就是数据控件名。

② DataField 属性，该属性的值为数据库中与该控件相对应的字段名。

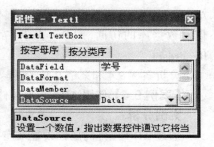

也就是说，绑定控件是通过数据控件来和数据库中的字段建立联系的。如图 9-11 所示，文本框 Text1 的上述两个属性设置如图 9-16 所示。设置好以后，Visual Basic 将当前记录的字段值赋给绑定控件，如果修改了绑定控件内的数据，只要移动记录指针，修改后的数据会自动写入数据库。

图 9-16　Text1 属性设置

Data 控件常用的方法有：

- Refresh 方法，用来重新建立或显示与 Data 控件相连的数据库记录集。
- UpdateControls 方法：将数据从数据库中重新读到绑定控件中，恢复为原始值。
- UpdateRecord 方法，将被绑定的控件的内容保存到数据库中而不会再次触发 Validate 事件。

使用控件方法的语法格式为：

控件名.方法名

例如：Data1.Refresh

对数据库中记录的操作可通过记录集（Recordset）的属性和方法来实现，下面给出记录集常用的属性和方法。

- 常用属性：
  - AbsoloutPostion：返回当前指针值。
  - BOF：判定是否在首记录之前。
  - EOF：判定是否在末记录之后。
  - Nomarch：是否找到匹配记录。
  - RecordCount：记录计数。
- 常用方法：AddNew、Delete、Edit、Update、Find、Move 等。其语法格式为：

数据控件.记录集.方法名

例如：

Data1.Recordset.AddNew　　　'增加记录

```
Data1.Recordset.Delete         '删除记录
Data1.Recordset.Update         '更新记录
Data1.Recordset.FindNext       '从当前记录查找下一条
Data1.Recordset.MoveLast       '移至最后一条记录
```

特别强调,对数据库的记录进行修改以后,要调用 Updata 方法确认,否则数据的修改不会写入数据库。

9.2.2 ADO 技术

ADO(ActiveX Data Object)是微软提供的新的数据访问技术,它通过 OLE DB 接口来访问各种数据源,可访问本地或者远程数据库。ADO 技术访问数据库有两种方法:ADO 控件和 ADO 对象。

用 ADO 控件访问数据库,主要是通过 ADO 控件的一些基本属性的设置来实现与数据库的连接,并通过与 ADO 的绑定控件(如文本框、表格等控件)来显示数据库表中的内容。ADO 控件比 Data 控件有更多的属性和方法。不使用 ADO 控件,利用 ADO 对象同样可以实现对数据库的访问。ADO 共有 7 个对象,常用的 ADO 对象有 Connection、Command 和 Recordset。

分析案例 9.4 和案例 9.5,掌握 ADO 控件的常用属性及方法的应用。

【案例 9.4】使用 ADO 数据控件访问一个学生数据库。

案例分析

通过 ADO 控件的属性设置来连接数据库,用文本框控件作为 ADO 的绑定控件。

案例设计

新建一个标准 EXE 工程,在窗体上添加 6 个标签 Label1~Label6,5 个文本框 Text1~Text5,一个由 4 个命令按钮组成的按钮数组 Command1(0)~Command1(3),一个 ADO 控件 ADODC1,设置每个控件的大小及位置,其中 Label6 的 Caption 属性设为空。界面如图 9-17 所示。

图 9-17 程序设计界面

案例实现

```
Private Sub Command1_Click(Index As Integer)
  Select Case Index    '添加
    Case 0             '在数据库的尾部添加记录
      Adodc1.Recordset .MoveLast
      Adodc1.Recordset.AddNew      '用于向数据库的尾部添加一条新记录
      Text1.SetFocus
      Label6="在"学号"处按Esc键放弃,在"籍贯"处按回车键继续添加"
    Case 1                                   '删除当前记录
      a=MsgBox("当前记录将被删除,确定吗?", 4 + 48, "警告")
      If a=vbNo Then Exit Sub
      Adodc1.Recordset.Delete
      Adodc1.Recordset.MoveLast
      Adodc1.Recordset.MoveFirst
    Case 2                                   '将被更新的数据写入数据表
```

```
        If Text1="" And Text2="" And Text3="" And Text4="" And Text5="" Then
           MsgBox "不能保存记录", vbExclamation, "警告"
           Text1.SetFocus
           Exit Sub
        Else
           Adodc1.Recordset.UpdateBatch
                              '保存添加的新记录或修改后的所有记录内容（批更新）
           Adodc1.Recordset.MoveFirst          '将记录指针移动到第一条记录
           MsgBox "所有修改和添加的记录被保存到数据库", vbInformation, "提示"
           Label6 = " "
        End If
     Case3
        End
     End Select
  End Sub
  Private Sub Text1_Change()                '记录变化时ADO控件的提示随之变化
     currec=Adodc1.Recordset.AbsolutePosition  '变量currec用于存放当前记录号
     recount=Adodc1.Recordset.RecordCount       '变量recount用于存放记录总数
     Adodc1.Caption="第" & currec & "条记录" & "共" & recount & "条记录"
  End Sub
  Private Sub Text1_KeyUp(KeyCode As Integer, Shift As Integer)
     If KeyCode=vbKeyEscape Then    '用户在学号文本框中按下【Esc】键时执行的程序代码
        Adodc1.Recordset.CancelUpdate  '取消在调用Update方法前对记录所做的更改
        Adodc1.Recordset.MoveFirst
        Label6=""
     End If
  End Sub
  '在最后一个文本框（"籍贯"文本框）中按【Enter】键时执行的代码
  Private Sub Text5_KeyUp(KeyCode As Integer, Shift As Integer)
     If KeyCode=13 Then
        '如果所有文本框均为空，则表明该记录是一条空记录
        If Text1=" "And Text2=" "And Text3=""And Text4=""And Text5=""Then
           MsgBox "不能保存记录", vbExclamation, "警告"
           Text1.SetFocus
           Exit Sub
        Else
           Adodc1.Recordset.UpdateBatch
        End If
        Adodc1.Recordset.AddNew
        Text1.SetFocus
     End If
  End Sub
```

运行窗体，单击"添加"按钮，运行结果如图9-18所示。

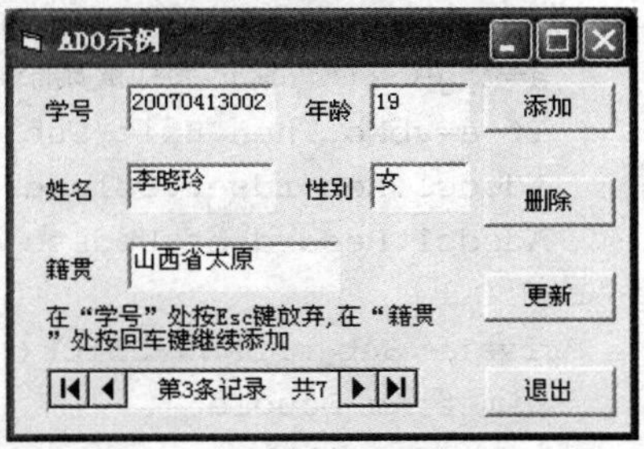

图9-18 学生信息运行结果

【**案例9.5**】用ADO控件访问"学生管理"数据库，应用DataGrid控件实现数据录入，通过菜单实现对数据库的操作。

案例分析

本例使用DataGrid控件作为ADO控件的绑定控件。

案例设计

新建一标准 EXE 工程，为窗体添加 1 个 ADO 控件、1 个 DataGrid 控件、2 个菜单（分别为文件和记录）。其中，文件菜单的子菜单为保存和退出，记录菜单的子菜单为新建、删除、首记录、上一条记录、下一条记录、尾记录。

DataGrid 控件也需要通过"工程"→"部件"命令，选择 Microsoft DataGridControl 6.0（OLE DB）选项，将其添加到工具箱中。

在菜单编辑器中设计菜单项，本例中菜单项的设置如表 9-2 所示。

表 9-2 菜单项的设置

标 题	名 称	索 引
文件	Menu1	
....保存	mnuSave	
....退出	mnuexit	
记录	Menu2	
....新建	mnuNew	
....删除	mnuDel	
....首记录	mnuRecord	0
....上一条记录	mnuRecord	1
....下一条记录	mnuRecord	2
....尾记录	mnuRecord	3

案例实现

打开代码窗口，添加如下程序代码：

```
Private Sub Form_Resize()
    DataGrid1.Height=Me.ScaleHeight              '调整 DataGrid1 的高度
End Sub
Private Sub mnuDel_Click()
    a=MsgBox("当前记录将被删除,确定吗?", 4 + 48, "警告")
    If a=vbNo Then Exit Sub
    Adodc1.Recordset.Delete                      '删除
    Adodc1.Recordset.Update
End Sub
Private Sub mnuNew_Click()                       '新建记录
    Dim t As Double
    Dim NewID As Integer
    Adodc1.Recordset.AddNew
    NewID=Val(Trim(perID)) + 1
    Adodc1.Recordset.Fields("学号") = Str(NewID)
    Adodc1.Recordset.Update
    t=Timer+0.5
    Do Until t<Timer                             '循环延迟 0.5 秒
```

```
    DoEvents
  Loop
  Adodc1.Refresh                       ' 延迟刷新数据库，否则自动编号字段显示不出来
  Adodc1.Recordset.MoveLast            '刷新后，记录返回首一条，所以移到最后一条新记录
End Sub
Private Sub mnuRecord_Click(Index As Integer)
  Select Case Index                    '选择按下的菜单数据索引
    Case 0
      Adodc1.Recordset.MoveFirst
    Case 1
      Adodc1.Recordset.MovePrevious
                                       '如果超出尾记录范围，移到首条记录
      If Adodc1.Recordset.BOF Then Adodc1.Recordset.MoveFirst
    Case 2
      Adodc1.Recordset.MoveNext
                                       '如果超出尾记录范围，移到最后一条记录
      If Adodc1.Recordset.EOF Then Adodc1.Recordset.MoveLast
    Case 3
      Adodc1.Recordset.MoveLast
  End Select
End Sub
Private Sub mnuSave_Click()
  On Error Resume Next
  Adodc1.Recordset.Update
End Sub
Private Sub mnuexit_Click()
  End
End Sub
```

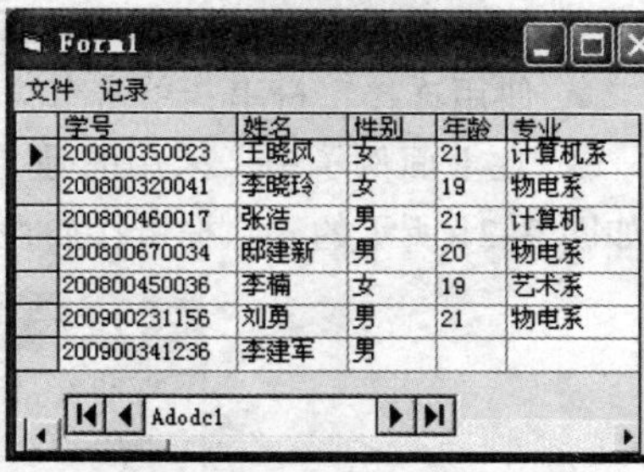

选择运行命令，结果如图 9-19 所示，通过菜单命令可进行相关操作。

图 9-19 窗体的运行结果

这个例子中，用到了 ADO 的绑定数据控件 DataGrid 及菜单的使用方法。DataGrid 控件允许用户同时浏览或修改多条记录的数据。

相关知识讲解

ADO 数据控件是一个 ActiveX 控件，需要先加载后使用。加载方法是通过 "工程" → "部件" 命令，选择 Microsoft ADO Data Control 6.0（OLE DB）选项，将 ADO 数据控件添加到工具箱。利用 ADO 控件的基本属性，可以快速地创建与数据库的连接。

用 ADO 数据控件连接*.mdb 数据库的步骤如下：

① 在窗体上放置 ADO 数据控件，控件名采用默认名 Adodc1。

② 选中 ADO 控件，单击属性窗口中的 ConnectionString 属性右边的 "…" 按钮，打开 "属性页" 对话框，如图 9-20 所示。

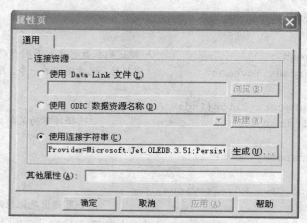

图 9-20 "属性页"对话框

在该对话框中可以通过三种不同的方式连接数据源。

- 使用 Data Link 文件：表示通过一个数据连接文件来完成数据连接。先建立一个数据连接文件，然后选中该文件，最终 ConnectionString 属性存放文件名，如 FileName = D:\myVb\test.udl。
- 使用 ODBC 数据资源名称：可以通过下拉菜单选择某个已创建好的数据资源名称（DSN）作为数据来源，如 DSN = aaa。
- 使用连接字符串：单击右边的"生成"按钮，通过选项设置自动产生连接字符串的内容。

③ 在上面例子中，采用的是"使用连接字符串"方式连接数据源。单击"生成"按钮，打开如图 9-21 所示的"数据链接属性"对话框。

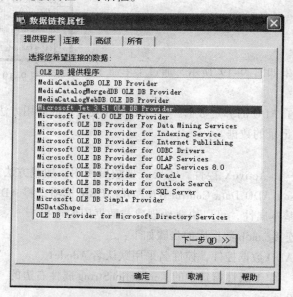

图 9-21 "数据链接属性"对话框

④ 在"提供程序"选项卡中选择一个合适的 OLE DB 数据源。例如，本例数据库为 Access 数据库，所以选择 Microsoft Jet 3.51 OLE DB Provider。然后单击"下一步"按钮或打开"连接"

选项卡，在对话框中指定数据库文件名。为保证连接有效，可单击右下方的"测试连接"按钮。如果成功连接数据库，则会提示测试连接成功，如图 9-22 所示。

图 9-22　测试连接

⑤ 单击属性窗口中 RecordSource 属性右边的"…"按钮，打开"属性页"对话框，如图 9-23 所示。

图 9-23　"属性页"对话框

⑥ 在"命令类型"下拉列表中选择"2 - adCmdTable"选项，在"表或存储过程名称"下拉列表中选择数据库中的"学生信息表"，关闭记录源属性页。至此，完成了 ADO 数据控件的连接工作。

ADO 数据控件的方法和事件与 Data 控件的方法和事件完全一样，不再重复。

ADO 数据控件与数据库建立连接以后，需要指定 RecordSource 属性和 CommandType 属性来确定访问的记录范围。当 CommandType 属性取值为 2 时，说明 RecordSource 属性中的字符串是一个表名，RecordSource 就只能在"表或存储过程名称"列表的数据库中进行选择（图 9-23 中的选择就属于这种）。选中一个表后，数据控件将会访问到这个表的全部记录。当 CommandType 属性取值为 1 时，说明 RecordSource 属性中的字符串是一个 SQL 命令，则在"命令文本"文本框中输入一个有效的 SQL 命令。例如，在图 9-23 中，命令类型如果选择"1 – adCmdText"，则需要在"命令文本（SQL）"中输入"select *from 学生信息表"。

ADO 数据控件只负责数据的管理，不负责数据的显示，而数据绑定控件（如文本框、表格等）负责数据的显示和使用。要完成绑定，需要设置数据绑定控件的两个属性：DataSource 属性和 DataField 属性。

其中，DataSource 属性设置一个数据源（这里就是该数据控件）。通过该数据源，控件就绑定到一个数据库。如果只是浏览数据库，那么通过上面的设置，不需要编写任何代码，同样可以实现对数据库的访问。

分析案例 9.6，掌握 ADO 对象访问数据库的方法。

【案例 9.6】 使用 ADO 对象访问 student 数据库中的 Class 表。

案例分析

使用 ADO 对象访问数据库，需要在项目中添加 ADO 对象，利用 ADO 的 3 个对象 Connection、Command 和 Recordset 进行编程。

案例设计

新建一个工程，在窗体上放置 1 个 MSFlexGrid 控件，其 Name 属性设为 MyGrid。

案例实现

```
Private Sub Form_Load()
  Dim myConnection As New ADODB.Connection         ' 创建 Connection 对象
  Dim MyRec As New ADODB.Recordset                 ' 创建 Recordset 对象
  Dim i As Integer
  myConnection.ConnectionString="Provider=Microsoft.Jet.OLEDB.4.0;DataSource=C:\
Program Files\Microsoft Visual Studio\VB98\student.mdb"   '创建连接字符串
  myConnection.Open   ' 与数据源建立连接
  MyRec.ActiveConnection=myConnection     ' 将 Connection 对象传给 RecordSet 对象
  MyRec Source="Select*From class"                  ' 确定记录集
  MyRec.CursorType=adOpenKeyset                     ' 打开的 RecordSet 的类型
  MyRec.Open                                        ' 打开记录集
  If MyRec.RecordCount>0 Then
    MyRec.MoveFirst
    With MyGrid
      .Rows=MyRec.RecordCount+1
      .Cols=4
      .Row=0
      .Col=0
      .Text=MyRec.Fields(0).Name
      .Col=1
      .Text=MyRec.Fields(1).Name
      .Col=2
      .Text=MyRec.Fields(2).Name
      .Col=3
      .Text=MyRec.Fields(3).Name
```

```
    For i=1 To MyRec.RecordCount
      .Row=i
      .Col=0
      .Text=MyRec.Fields(0).Value
      .Col=1
      .Text=MyRec.Fields(1).Value
      .Col=2
      .Text=MyRec.Fields(2).Value
      .Col=3
      .Text=MyRec.Fields(3).Value
      MyRec.MoveNext
    Next i
  End With
 End If
 MyRec.Close           '关闭当前对象
 myConnection.Close    '关闭当前连接
End Sub
```

运行结果如图 9-24 所示。

图 9-24　ADO 对象访问数据库

相关知识讲解

要实现用 ADO 对象来访问数据库,首先要加载 ADO 对象模型:在工程中选择"工程"→"引用"命令,打开"引用"对话框,选择 Microsoft ActiveX Data Objects 2.0 Library。

ADO 对象模型最常用的对象是 Connection、Command 和 Recordset,这 3 种对象可以被独立创建。例如:

```
Dim cn As New ADODB.Connection
Dim cmd As New ADODB.Command
Dim rs AS New ADODB.Recordset
```

（1）Connection 对象

用来与数据源建立连接。在建立连接之前,必须指定使用哪一个 OLE DB 提供者。如果 Provider 属性设为空串,则连接采用默认的 OLE DB 提供者。也可以设置 Connection 对象的 ConnectionString 属性来间接设置 Provider 属性。当设置好了 ConnectionString 属性后,用 Connection 对象的 Open 方法来与数据库建立连接。当建立连接以后,可以用 Connection 对象的 Execute 方法进行查询,包含 SQL 语句、存储过程等。Connection 对象的 Close 方法用来关闭与 Connection 对象关联的资源,此时对象仍可继续使用。

（2）Command 对象

Command 对象可把数据表保存到一个记录对象集。另外,利用 Command 对象可方便地调用存储过程,并且可执行带有参数的 SQL 语句。Command 对象的主要属性如表 9-3 所示。

表 9-3　Command 对象的主要属性

属　　性	含　　义
ActiveConnection	设置 Command 对象的连接对象
Commandtext	设置 SQL 命令或存储过程
Commandtype	设置 Commandtext 的命令类型

Command 对象最重要的方法是 Execute，它可用于运行 Commandtext 中所指定的 SQL 命令或存储过程。

（3）Recordset 对象

用来操作查询返回的记录集，它可以在记录集中添加、删除、修改和移动记录。当创建了一个 Recordset 对象时，一个游标也被自动创建。可以用 Recordset 对象的 CursorType 属性来设置游标的类型。RecordSet 对象中最重要的方法是 Open 方法，应用 Open 方法可打开一个光标，该光标指向查询返回的记录。其语法如下：

`RecordSet.Open Source,ActiveConnection,CursorType,LockType,Options`

其中，各参数的含义如下：

- Source：该参数可以是含有一个 SQL 语句、表格、视图名称或者存储过程调用的字符串，也可以是 Command 对象。
- ActiveConnection：该参数可以是含有 DSN、登录名、密码信息的连接字符串。如果在 ActiveConnection 参数中指定 DSN 信息，则 RecordSet 对象产生它自己的连接。如果已经有了一个连接，也可以将 Connection 对象传给 RecordSet 对象，RecordSet 对象将使用这个连接。
- CursorType 和 LockType：指定打开的 RecordSet 的类型。
- Options：用于帮助 RecordSet 评估 Source 参数。

在 Visual Basic 中实现对数据库的访问，除了以上所讲的以外，还可以通过 DAO、RDO、RDC 等多种对象访问数据库，也可利用 Visual Basic 提供的数据窗体向导，很容易就能建立一个访问数据的窗口。

9.2.3　SQL 语句

SQL 语句是一种操作数据库的结构化查询语言，利用 SQL 语句来构成记录集，实现对数据库表中的记录进行浏览、查询、统计等操作。记录集既可以是来自单表中的数据，也可以是来自多表中的数据，如数据控件的 RecordSource 属性不一定是表名，可以是表中的某些行或者是多个表中的数据组合。

通过分析案例 9.7～案例 9.9，掌握 SQL 语句的语法及常用的 SQL 命令。

【**案例 9.7**】利用可视化管理器建立 Access 数据库"学生成绩管理.mdb"。数据库包含两个表，分别为"基本情况表"（学号、姓名、系别、班级）和"成绩表"（学号、课程名称、成绩）。用 SQL 语句从两个表中选择相关数据构成记录集，并通过数据控件浏览记录集。

案例分析

例中 SQL 语句的功能是从"基本情况表"中选择所有字段，从"成绩表"中选择课程名称和成绩字段，构成记录集。

案例设计

新建一个工程，在窗体上添加 1 个 Data 控件、1 个 MSFlexGrid 控件，设置 Data1 控件的 DatabaseName 属性为"学生成绩管理"，MSFlexGrid 控件的 DataSoure 属性值为 Data1。

案例实现

代码如下：
```
Private Sub From_Load()
```

```
Data1.RecordSource="Select 基本情况表.*,成绩表.课程名称,成绩表.成绩 From
    基本情况表, 成绩表 Where 基本情况表.学号=成绩表.学号"
    Data1.Refresh
End Sub
```

窗体启动后，运行结果如图 9-25 所示。

图 9-25　程序的运行结果

注意：在使用 SQL 语句时，一定要注意所有的符号包括运算符必须是在英文状态下输入。

【**案例 9.8**】在案例 9.7 中设计的界面上增加一个命令按钮，该命令按钮的功能是根据"系别"字段进行查询，用 SQL 语句实现。

案例分析
通过 SQL 语句实现对数据库的查询功能，输入或者选择查询内容，然后根据查询条件确定记录源。

案例设计
在命令按钮的单击事件中编写代码，定义一个字符型变量，通过 InputBox$()函数来接收查询条件。

案例实现
代码如下：
```
Private Sub Command1_Click()
    Dim xb As String
    xb=InputBox$("请输入系别", "查找窗")
    Data1.RecordSource="Select 基本情况表.*,成绩表.课程名称,成绩表.成绩 From 基本
       情况表, 成绩表 Where 基本情况表.学号=成绩表.学号 And 系别='" & xb & "'"
    Data1.Refresh
    If Data1.Recordset.EOF Then
       MsgBox "无此系别!", , "提示"
    End If
End Sub
```

设置 MSFlexGrid 控件 DataSoure 属性值为 Data1。单击"按系别查询"按钮，在对话框中输入"计算机系"，运行结果如图 9-26 所示。

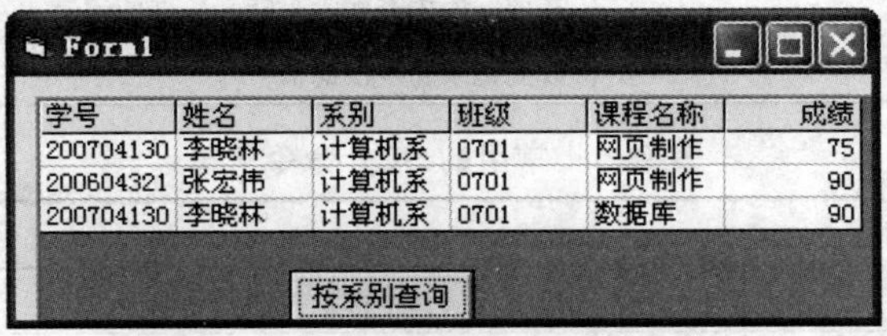

图 9-26　按系别字段查询结果

注意：在语句"系别='"& xb &"'"中，符号&为字符串连接运算符，它的两侧必须加空格。

【案例 9.9】 用 SQL 指令按系别统计各专业的人数。

案例分析

本例中使用的 SQL 语句，对基本情况表内的记录按系别进行分组，"Group By 系别"可将表中的记录集分组，用统计函数 count() 作为输出字段，用 As 短语为输出字段命名一个别名"人数"。

案例设计

在窗体上放置一个 ADO 数据控件和一个网格控件。

案例实现

设置 ADO 控件的 ConnectionString 属性，在其"属性页"对话框中单击"使用连接字符串"后的"生成"按钮，在"数据链接属性"对话框的"提供程序"选项卡中选择 Microsoft Jet 3.51 OLE DB Provider，在"连接"选项卡中指定数据库文件名，本例为"成绩管理.mdb"（注意：数据库应在 vb 目录下）。

设置 ADO 控件的 RecordSource 属性，单击右边的"…"按钮，打开记录源"属性页"对话框，"命令类型"选择 8 – adCmdunknown，在"命令文本（SQL）"中输入内容"select 系别,count(*) As 人数 From 基本情况表 Group By 系别"，这样就完成了 ADO 控件的连接工作。

设置网格控件的 DataSoure 属性为 Adodc1，运行窗体结果如图 9-27 所示。

图 9-27 统计运行结果

🎧 经验交流

ADO 扩展了 DAO 和 RDO 所使用的对象模型，包含较少的对象，以及更多的属性、方法（和参数），所以 ADO 已经成为当前数据库开发的主流。

相关知识讲解

利用 SQL 语句，可以确定要求数据控件显示的记录。常用的 SQL 命令及命令子句如表 9-4 和表 9-5 所示。

表 9-4 常用的 SQL 命令

命令	描述
CREATE	用来创建表、字段和索引
DELETE	用来从数据库中删除记录
INSERT	添加一组数据
SELECT	在数据库中查找满足特定条件的记录
UPDATE	改变记录和字段的值

表 9-5 常用的 SQL 命令子句

子句	描述
FROM	用来为从其中选定记录的表命名
WHERE	用来指定所选记录必须满足的条件

续表

子句	描述
GROUP BY	用来把选定的记录分组
HAVING	用来说明每个组要满足的条件
ORDER BY	用来按特定的次序将记录排序

SQL中经常使用的操作是查询数据库，使用SELECT语句，其语法形式为：

```
SELECT    字段表
FROM      表名
WHERE     查询条件
GROUP BY  分组字段
HAVING    分组条件
ORDER BY  字段[ASC|DESC]
```

无论是数据控件还是数据对象，都可以使用Select语句查询数据。例如，数据控件Data的RecordSource属性值可以通过SQL语句进行设置，"Data1.RecordSource="Select * From 学生信息表 Where 性别='男'"这条语句的含义是从学生信息表里选择性别是"男"的所有记录。SQL语句也可以实现比较复杂的查询。看下面的几条语句：

```
Data1.RecordSource="Select 学生信息表.*,成绩表.课程名称"_
    & " From 学生信息表,成绩表"_
    & " Where 学生信息表.学号=成绩表.学号"
```

执行这条SQL语句，将从"学生信息表"中选择所有字段，从"成绩表"中选择"课程名称"字段，共同构成记录集。Where后面的语句为要显示记录的条件。

```
Data1.RecordSource="Select 基本情况表.*,成绩表.课程名称,成绩表.成绩 From 基本情况
    表,成绩表 Where 基本情况表.学号=成绩表.学号 And 系列='" & xb & "'"
```

执行这条语句，将选择"基本情况"表的所有字段和"成绩表"的"课程名称""成绩"字段构成记录集，并且要显示的记录是"系列"给定值的记录。

```
Data1.RecordSource="Select Top 5 学号,Avg(成绩)As 平均成绩"_
    & " From 成绩表 Group By 学号 Order By Avg(成绩)Des"
```

执行这条语句，会自动添加并计算平均成绩字段，并显示"成绩表"中平均成绩排在前5名的学生的学号及平均成绩，且按降序排列。

在上面这条SQL语句中，用到了求平均值的函数Avg()及谓词Top。常用的函数还有Count（返回选定记录的个数）、Sum（返回特定字段中所有值的总和）、Max（返回指定字段中的最大值）、Min（返回指定字段中的最小值）。SQL语句提供了许多函数和关键谓词，大家可参阅关于SQL语言的一些书籍来了解。

```
Data1.RecordSource="Delete * From temp Where 平均成绩<90"
```

执行这条语句，将把temp表中平均成绩在90分以下的记录删除。

```
Data1.RecordSource="Update cjb SET 成绩=成绩+10"
```

执行这条SQL语句，将会把cjb中"成绩"字段的值普加10分。Update语句用来修改某个字段的值，语法为：

```
Update[记录集] SET[表达式] Where[条件]
```

9.3 综合应用实例

Visual Basic 性能卓越，是当今很流行的软件开发工具之一。这里介绍一个小型的药品管理系统的开发过程，让大家详细理解用 Visual Basic 实现数据库编程的方法。

9.3.1 需求分析

通过对药店的具体情况进行了解，系统的主要功能如下：
① 日常业务：入库、销售、入库退货、销售退货。
② 库存管理：库存盘点、库存查询、价格管理。
③ 查询统计：入库查询、出库查询、销售查询。

9.3.2 系统设计

1．系统功能模块设计

系统的功能模块设计如图 9-28 所示。

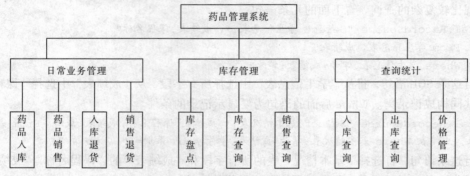

图 9-28　药品管理系统功能模块图

2．数据库设计

本系统采用小型的 Access 数据库，数据库名称为 yyjxc，包含以下几个表：
① 库存表：用来保存药品的库存信息，结构如表 9-6 所示。

表 9-6　库 存 表 kc

字 段 名 称	数 据 类 型	字 段 大 小
商品名称	文本	50
简称	文本	50
批号	文本	25
产地	文本	50
规格	文本	50
包装	文本	50
单位	文本	50
进价	货币	
库存	数字	单精度型
库存金额	货币	

② 入库单：用来保存药品入库的详细信息，结构如表9-7所示。

表9-7 入库单表rkd

字 段 名 称	数 据 类 型	字 段 大 小
商品名称	文本	50
简称	文本	20
批号	文本	25
产地	文本	50
规格	文本	50
包装	文本	50
单位	文本	50
数量	数字	单精度型
进价	货币	
金额	货币	
备注	文本	50
供应商	文本	50
日期	日期/时间	
经手人	文本	10
发票号	文本	20

③ 销售单：保存商品销售的详细信息，结构如表9-8所示。

表9-8 销售单表xsd

字 段 名 称	数 据 类 型	字 段 大 小
商品名称	文本	50
批号	文本	20
产地	文本	50
规格	文本	50
包装	文本	50
单位	文本	50
数量	数字	10
单价	货币	
金额	货币	
备注	文本	50
客户	文本	50
日期	日期/时间	
经手人	文本	10
发票号	文本	20

④ 入库退单表：保存商品入库退货的信息，结构如表9-9所示。

表 9-9 入库退单表 rutd

字 段 名 称	数 据 类 型	字 段 大 小
商品名称	文本	50
批号	文本	20
产地	文本	50
规格	文本	50
包装	文本	50
单位	文本	50
退货数量	数字	单精度型
进价	货币	
金额	货币	
备注	文本	50
供应商	文本	20
退单日期	日期/时间	
经手人	文本	10
发票号	文本	20

⑤ 销售退单表：用来保存销售后退货的商品信息，结构如表 9-10 所示。

表 9-10 销售退单表 xhtd

字 段 名 称	数 据 类 型	字 段 大 小
商品名称	文本	50
批号	文本	20
产地	文本	50
规格	文本	50
包装	文本	50
单位	文本	50
退货数量	数字	单精度型
退货单价	货币	
金额	货币	
备注	文本	50
客户	文本	50
退货日期	日期/时间	
经手人	文本	10
发票号	文本	20

⑥ 密码表：保存操作员及操作员密码，结构如表 9-11 所示。

表 9-11　密 码 表 ma

字 段 名 称	数 据 类 型	字 段 大 小
操作员	文本	10
密码	文本	6

⑦ 供应商表：保存供应商的基础信息，结构如表 9-12 所示。

表 9-12　供应商表 gys

字 段 名 称	数 据 类 型	字 段 大 小
供应商编号	文本	10
供应商全称	文本	50
简称	文本	20
地址	文本	100
邮政编码	文本	10
开户银行	文本	100
银行账户	文本	50

⑧ 客户表：保存客户的基础信息，结构如表 9-13 所示。

表 9-13　客 户 表 ku

字 段 名 称	数 据 类 型	字 段 大 小
客户编号	文本	10
客户全称	文本	50
简称	文本	20
地址	文本	100
邮政编码	文本	10
开户银行	文本	100

9.3.3　系统实现

系统包括登录模块、主模块、日常业务模块、库存管理模块及查询统计模块等，案例 9.10～9.16 分别介绍了这几个模块的完成过程。

【案例 9.10】系统登录模块设计。

案例分析

登录界面是整个系统的门户界面，合法的用户可由此进入应用程序。

案例设计

登录时要求选择操作员并输入密码，然后单击"确认"按钮进入系统主界面。密码如果错误输入 3 次，则退出登录界面。

案例实现

（1）界面实现

新建一个标准工程"药品管理系统"，在自动创建的窗体中添加 2 个 Label 控件、2 个 Data

控件、1 个 DBCombo 控件、3 个 Text 控件、2 个 Command 控件，将窗体命名为 main_mima。界面设计如图 9-29 所示（注意：图中 text1 控件与 text3 控件设置为隐藏）。

各主要控件对象的属性如表 9-14 所示。

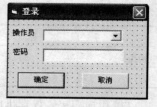

图 9-29 系统登录界面

表 9-14 主要对象控件的属性列表

控件名称	属性名称	属性值
Data1	DatabaseName	yyjxc
	RecordSource	ma
Data2	DatabaseName	yyjxc
	RecordSource	ma
DBCombo1	名称	Text1
	rowsource	Data2
	listfield	操作员
	boundcolumn	操作员
Text2	MaxLength	6
	PassWordChar	*
Text3	DataField	密码

（2）代码实现

代码如下：
```
Dim TIM As Integer                          '定义一个整型变量
Dim MESSAGE As String                       '定义一个字符串变量
Private Sub Form_Activate()
  '当记录为零时，进入系统具有所有权限
  If Data1.Recordset.RecordCount = 0 Then
    MsgBox ("您还没有设置操作员密码和权限，请设置操作员密码和权限!")
    Load frm_main
      frm_main.Show
    Unload Me
  Else
    text1.SetFocus                          'text1 获得焦点
  End If
End Sub
Private Sub Form_Load()
  TIM=0                                     '为变量设初值
  '自动识别数据库路径
  Data1.DatabaseName=App.Path & "\yyjxc.mdb":
  Data2.DatabaseName=App.Path & "\yyjxc.mdb"
End Sub
```

```
Private Sub Text1_KeyDown(KeyCode As Integer, Shift As Integer)
  If KeyCode=vbKeyReturn Then Text2.SetFocus     '按回车键,Text2 获得焦点
End Sub
Private Sub Text2_KeyDown(KeyCode As Integer, Shift As Integer)
  If KeyCode=vbKeyReturn Then
    Cmd1.Visible=True
    Cmd1.SetFocus
  End If
  If KeyCode=vbKeyUp Then text1.SetFocus         '按向上键 Text1 获得焦点
End Sub
Private Sub cmd1_Click()
  js.Text=TIM                                    '赋值给 js.text
  '查询操作员信息
  Data1.RecordSource="select * from ma where 操作员='" & Text1.Text & "'"
  Data1.Refresh
  If Text1.Text<>"" And Text2.Text = Text3.Text Then
    Load frm_main
      frm_main.Show
    Unload Me
  Else
   If TIM=3 Then                                 '输入三次错误密码, 退出系统
    MESSAGE=MsgBox("密码输入错误,请向系统管理员查询!", 0, "")
    If MESSAGE=vbOK Then End
   End If
   If Text1.Text="" Then                         '操作员代号为空, 提示信息
    MsgBox ("请输入操作员代号!")
    text1.SetFocus
   Else
     If text1.Text <> Data1.Recordset.Fields("操作员") Then
       MsgBox ("查无此操作员,请重新输入操作员代号!")
       text1.SetFocus
     Else
       If Text2.Text <> Text3.Text Then
         MsgBox ("密码错误,请重新输入密码!")
         TIM=TIM+1
         Text2.SetFocus
       End If
     End If
   End If
  End If
End Sub
Private Sub Comend_Click()
  End
End Sub
```

案例 9.11 是系统主界面模块的实现过程。

【**案例 9.11**】主模块的实现。

案例分析

主模块是系统进行综合管理的模块，主要实现日常业务、库存管理、查询统计等功能。

案例设计

各功能模块采用菜单设计，主菜单下设子菜单，每个子菜单实现一定的功能，单击菜单项即可打开相应的操作界面。

案例实现

（1）界面实现

在药品管理系统工程中，添加一个新的窗体，将该窗体命名为 frm_main，在窗体中放置一个 Text 控件（Visible 属性设置为 False）。设置程序的菜单，各主菜单包含的下拉子菜单项参阅功能模块图结构。界面如图 9-30 所示。

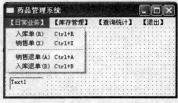

图 9-30　主程序设计界面

（2）代码实现

为提高程序效率，下面代码中定义了一些公用函数，如 entercell()、moveright()等，以供在多个程序中频繁使用。

```
Public Sub entercell()
Dim x, y As String
  If Text1.Text="1" Then Set myform=main_rcyw_rk
  If Text1.Text="2" Then Set myform=main_rcyw_rktd
  If Text1.Text="3" Then Set myform=main_rcyw_xs
  If Text1.Text="4" Then Set myform=main_rcyw_xstd
  If myform.mf1.CellWidth<=0 Or myform.mf1.CellHeight <= 0 Then Exit Sub
  x=myform.mf1.TextMatrix(myform.mf1.FixedRows, myform.mf1.Col)
  y=myform.mf1.TextMatrix(myform.mf1.Row, 0)
  If y<>"" Then
    If myform.mf1.Col-myform.mf1.LeftCol<=3 Then
      myform.mf1.LeftCol=myform.mf1.LeftCol+1
    End If
    If myform.mf1.CellWidth>0 And myform.mf1.CellHeight>0 Then
      myform.Text1.Width=myform.mf1.CellWidth
      myform.Text1.Height=myform.mf1.CellHeight
      myform.Text1.Left=myform.mf1.CellLeft+myform.mf1.Left
      myform.Text1.Top=myform.mf1.CellTop+myform.mf1.Top
    End If
    x=myform.mf1.TextMatrix(myform.mf1.FixedRows, myform.mf1.Col)
    y=myform.mf1.TextMatrix(myform.mf1.Row, 0)
    p=myform.mf1.TextMatrix(myform.mf1.Row, myform.mf1.Col)
    myform.Text1.Text=myform.mf1.Text
    myform.Text1.SelStart=0
    myform.Text1.SelLength=Len(myform.Text1.Text)
  End If
End Sub
Public Sub moveright()
  If Text1.Text="1" Then Set myform=main_rcyw_rk
  If Text1.Text="2" Then Set myform=main_rcyw_rktd
  If Text1.Text="3" Then Set myform=main_rcyw_xs
  If Text1.Text="4" Then Set myform=main_rcyw_xstd
```

```
    If myform.Text1.Text<>"" Then
      myform.Text1.SelStart=0
      myform.Text1.SelLength=Len(myform.Text1.Text)
    End If
    If myform.mf1.Col+1<=myform.mf1.Cols-1 Then
      myform.mf1.Col=myform.mf1.Col+1
    Else
      If myform.mf1.Row+1<=myform.mf1.Rows-1 Then
        myform.mf1.Row=myform.mf1.Row+1
        myform.mf1.Col=1
      End If
    End If
End Sub
Public Sub moveleft()
    If Text1.Text="1" Then Set myform=main_rcyw_rk
    If Text1.Text="2" Then Set myform=main_rcyw_rktd
    If Text1.Text="3" Then Set myform=main_rcyw_xs
    If Text1.Text="4" Then Set myform=main_rcyw_xstd
    If myform.Text1.Text<>"" Then
      myform.Text1.SelStart=0
      myform.Text1.SelLength=Len(myform.Text1.Text)
End If
    If myform.mf1.Col-11<=myform.mf1.Cols+1 Then
       myform.mf1.Col=myform.mf1.Col-1
       If myform.mf1.Col=0 Then myform.mf1.Col=1
    Else
      If myform.mf1.Row+1<=myform.mf1.Row-1 Then
      myform.mf1.Row=myform.mf1.Row+1
      myform.mf1.Col=1
      End If
    End If
End Sub
Public Sub movereturn()
    If Text1.Text="1" Then Set myform=main_rcyw_rk
    If Text1.Text="2" Then Set myform=main_rcyw_rktd
    If Text1.Text="3" Then Set myform=main_rcyw_xs
    If Text1.Text="4" Then Set myform=main_rcyw_xstd
    If myform.mf1.Col=10 Then
      myform.mf1.Row=myform.mf1.Row+1
      myform.mf1.Col=1
    Else
      If myform.mf1.Col+1<=myform.mf1.Cols-1 Then
         myform.mf1.Col=myform.mf1.Col+1
       Else
        If myform.mf1.Row+1<=myform.mf1.Rows-1 Then
          myform.mf1.Row=myform.mf1.Row+1
          myform.mf1.Col=1
        End If
      End If
    End If
End Sub
```

```vb
'定义各菜单的单击事件
    Private Sub rkd_Click()                         '调入入库单
       Load main_rcyw_rk
       main_rcyw_rk.Show
       frm_main.Enabled=False
    End Sub
    Private Sub xsd_Click()                         '调入销售单
       Load main_rcyw_xs
       main_rcyw_xs.Show
       frm_main.Enabled=False
    End Sub
    Private Sub xsth_Click()                        '调入销售退单表
       Load main_rcyw_xstd
       main_rcyw_xstd.Show
       frm_main.Enabled=False
    End Sub
    Private Sub rkth_Click()                        '调入入库退单表
       Load main_rcyw_rktd
       main_rcyw_rktd.Show
       frm_main.Enabled=False
    End Sub
    Private Sub kccx_Click()                        '调入库存查询
       Load main_kcgl_kccx
       main_kcgl_kccx.Show
       frm_main.Enabled=False
    End Sub
    Private Sub kcpd_Click()                        '调入库存盘点
       Load main_kcgl_kcpd
       main_kcgl_kcpd.Show
       frm_main.Enabled=False
    End Sub
    Private Sub jggl_Click()                        '调入价格管理
       Load main_kcgl_jggl
       main_kcgl_jggl.Show
       frm_main.Enabled=False
    End Sub
     Private Sub rkcx_Click()                       '调入入库查询
    Load main_rqDialog
       main_rqDialog.Show
       main_rqDialog.Text1.Text="0"
       frm_main.Enabled=False
    End Sub
    Private Sub thfccx_Click()                      '调入入库退货查询
    Load main_rqDialog
       main_rqDialog.Show
       main_rqDialog.Text1.Text="1"
       frm_main.Enabled=False
    End Sub
    Private Sub xscx_Click()                        '调入销售查询
      Load main_rqDialog
      main_rqDialog.Show
```

```
  main_rqDialog.Text1.Text ="2"
  frm_main.Enabled=False
End Sub
Private Sub xsthcx_Click()                    '调入销售退货查询
  Load main_rqDialog
  main_rqDialog.Show
  main_rqDialog.Text1.Text="3"
  frm_main.Enabled=False
End Sub
Private Sub exit_Click()                      '退出
  End
End Sub
```

说明:

在入库、销售等模块中，都使用了 MSFlexGrid1 控件完成表单式数据的录入。该控件可以显示数据，但不允许动态输入数据，在本例中是借助 Text1 控件向该控件输入信息。上述公用函数代码中，将 Text1 控件移到表格中光标的位置，然后根据光标处单元格的大小设置 Text1 控件的大小，并将该单元格内容赋值给 Text1 控件。

下面介绍日常业务模块的实现过程。日常业务包括药品入库、药品销售、入库退货、销售退货几个功能。下面以药品入库单设计为例进行介绍。

【案例 9.12】 日常业务模块的实现。

案例分析

以药品入库为例，设计药品入库单，在界面上输入药品信息，并把信息保存在数据库中。

案例设计

通过 Data 控件实现与数据库表的连接，在本案例中需要设置 3 个 Data 控件来连接 3 个表。添加一个表格控件，用来录入药品信息。单击"保存"按钮，将信息保存在库存表中。

案例实现

（1）界面实现

在工程中添加一个新窗体，命名为 main_rcyw_rk。在窗体中添加 10 个 Label 控件、3 个 Data 控件（Visible 属性都设置为 False）、一个 MSFlexGrid 控件、1 个 DBGrid 控件、1 个 DBList 控件、8 个 Text 控件（其中 Text1 的 Visible 属性为 False）、4 个 Command 控件等。界面设计如图 9-31 所示。

图 9-31　设计入库单界面

主要控件对象的属性如表 9-15 所示。

表 9-15 主要控件对象的属性列表

控 件 名 称	属 性 名 称	属 性 值
Data1	DatabaseName	yyjxc.mdb
	RecordSource	kc
Data2	DatabaseName	yyjxc.mdb
	RecordSource	gys
Data3	DatabaseName	yyjxc.mdb
	RecordSource	rkd
DBgrid1	名称	grid1
	DataSource	Data1
DBList1	rowsource	Data2
	Listfield	供应商全称
	boundcolumn	供应商全称
MSFlexGrid1	名称	mf1

（2）代码实现

代码如下：

```
Dim s,y,i                                 '定义变量
Dim mydb As Database                      '定义数据库
Dim rs1 As Recordset                      '定义字段
Dim rs2 As Recordset
Dim lsph As Integer                       '定义一个整型变量
Private Sub Form_Load()
  '自动识别数据库路径
  Data1.DatabaseName=App.Path&"\yyjxc.mdb"
  Data2.DatabaseName=App.Path&"\yyjxc.mdb"
  Data3.DatabaseName=App.Path&"\yyjxc.mdb"
  mf1.Rows=102: mf1.Cols=12               '定义mf1表的总行数、总列数
  '定义mf1表的列宽和表头信息
  s=Array("300", "1500", "900", "1200", "900", "1200", "600", "600", _
    "600", "900", "1140", "850")
  y=Array("xh", "商品名称", "简称", "批号", "厂家", "规格", "包装", "单位", "数量", _
    "单价", "金额", "备注")
  For i=0 To 11
    mf1.ColWidth(i)=s(i): mf1.TextMatrix(0, i)=y(i)
  Next i
  mf1.FixedRows=1: mf1.FixedCols=1        '定义mf1表的固定行数、固定列数
                                          '定义mf1表的列序号
  For i=1 To 101
    mf1.TextMatrix(i, 0)=i
  Next i
  rkrq.Text=Date                          '设置入库日期
End Sub
```

```
Private Sub Form_Unload(Cancel As Integer)
  frm_main.Enabled=True
End Sub
Private Sub gys_Change()
  DBList1.Visible=True
  DBList1.ReFill
                                              '查询供应商信息
  Data2.RecordSource="select 供应商全称 from gys where ((gys.供应商全称 like _
  " +Chr(34) + gys.Text + "*"+Chr(34) + ")or (gys.简称 like " + Chr(34) + gys.Text
  + "*" + Chr(34)+"))group by 供应商全称"
  Data2.Refresh
End Sub
Private Sub dblist1_KeyPress(KeyAscii As Integer)
  DBList1.Visible=True
   gys.Text=DBList1.BoundText                 '赋值给gys.text
   DBList1.Visible=False
   jsr.SetFocus
End Sub
'在入库单的"商品名称"栏内输入商品名称,就会显示相关商品列表信息(grid1),选择
'入库商品后回车确认,就会把该商品信息添加到商品入库表单中
Private Sub grid1_KeyDown(KeyCode As Integer, Shift As Integer)
  If KeyCode=vbKeyReturn Then                 '当按回车键时
    With Data1.Recordset
  If Data1.Recordset.RecordCount > 0 Then
    If Data1.Recordset.Fields("商品名称")<>"" Then
                                              '赋值给mf1表格
      If.Fields("商品名称")<>"" Then mf1.TextMatrix(mf1.Row,1)=Fields("商品名称")
      If.Fields("简称")<>"" Then mf1.TextMatrix(mf1.Row,2)=.Fields("简称")
      If.Fields("批号")<>"" Then mf1.TextMatrix(mf1.Row,3)=.Fields("批号")
      If.Fields("产地")<>"" Then mf1.TextMatrix(mf1.Row,4)=.Fields("产地")
      If.Fields("规格")<>"" Then mf1.TextMatrix(mf1.Row,5)=.Fields("规格")
      If.Fields("包装")<>"" Then mf1.TextMatrix(mf1.Row,6)=.Fields("包装")
      If.Fields("单位")<>"" Then mf1.TextMatrix(mf1.Row,7)=.Fields("单位")
      If.Fields("进价")<>"" Then mf1.TextMatrix(mf1.Row,9)=.Fields("进价")
      text1.Text=mf1.Text                     '赋值给text1
      text1.SetFocus
      mf1.Col=8                               '到达第8列
      grid1.Visible=False
    Else
      MsgBox("无数据选择!!!")
      grid1.Visible=False    'grid1不可见
      text1.SetFocus
    End If
  End If
  End With
    text1.SetFocus                            'text1获得焦点
  End If
  If KeyCode=vbKeyEscape Then                 '按【Esc】键
    grid1.Visible=False                       'grid1不可见
    text1.SetFocus                            'text1获得焦点
```

```vb
      End If
    End Sub
    Private Sub gys_KeyDown(KeyCode As Integer, Shift As Integer)
      If KeyCode=vbKeyReturn Then              '按回车键
      jsr.SetFocus                             'jsr 获得焦点
      DBList1.Visible=False                    'DBList1 不可见
      End If
      If KeyCode=vbKeyPageDown Then            '按 PageDown 键
        DBList1.Visible=True                   'DBList1 可见
        DBList1.ReFill
        DBList1.SetFocus                       'DBList1 获得焦点
      End If
    End Sub
    Private Sub jsr_KeyDown(KeyCode As Integer, Shift As Integer)
      If KeyCode=vbKeyReturn Then              '按回车键
       text1.Visible=True
       mf1.Row=1: mf1.Col=1                    '到达第 1 行，第 1 列
        text1.SetFocus
      End If
        If KeyCode=vbKeyUp Then gys.SetFocus   '按向上键 gys 获得焦点
    End Sub
    Private Sub mf1_Click()
                                               '在 mf1 表格第 1 行或大于第 1 行时
      If mf1.Row>=1 And mf1.TextMatrix(mf1.Row-1, 8) <> "" Then
        text1.Visible=True                     'text1 可见
        text1.SetFocus
      End If
    End Sub
    Private Sub mf1_entercell()
      frm_main.text1.Text="1"
      Call frm_main.entercell                  '调用函数
    End Sub
    '下段代码用来在输入商品信息后，计算商品的合计金额，并格式化单价和总金额。
    Private Sub mf1_RowColChange()             '格式化金额
      For i=1 To 100
        If mf1.TextMatrix(i, 1)<>"" Then
          mf1.TextMatrix(i, 9)=Format(mf1.TextMatrix(i, 9), "#0.000")
          mf1.TextMatrix(mf1.Row,10)=Val(mf1.TextMatrix(mf1.Row,9))*
          Val(mf1.TextMatrix(mf1.Row, 8))
          mf1.TextMatrix(i, 10)=Format(mf1.TextMatrix(i, 10), "#0.00")
        End If
      Next i
    End Sub
    Private Sub text1_Change()
      DBList1.Visible=False
      mf1.Text=text1.Text                      '赋值给 mf1.text
      If mf1.Col=1 Then
                                               '按简称或商品名称查询库存商品信息
      Data1.RecordSource="select * from kc where ((kc.简称 like " +Chr(34) + text1.Text _
      +"*"+Chr(34)+") or (kc.商品名称 like " + Chr(34)+text1.Text+"*" + Chr(34)+"))" _
```

```
        Data1.Refresh
      If text1.Text="" Then                       '当 text1.text 为空时
        grid1.Visible=False                       'grid1 不可见
    Else
      If Data1.Recordset.RecordCount>0 Then       '当记录大于零时
        grid1.Visible=True                        'grid1 可见
        text1.SetFocus
      End If
    End If
  End If
  If mf1.Col=8 Then mf1.TextMatrix(mf1.Row, 10)=Val(mf1.TextMatrix(mf1.Row, 8))* _
  Val(mf1.TextMatrix(mf1.Row, 9))
      If mf1.Col=9 Then
        mf1.TextMatrix(mf1.Row,10)=Val(mf1.TextMatrix(mf1.Row,8))* _
      Val(mf1.TextMatrix(mf1.Row, 9))
        If mf1.TextMatrix(mf1.Row, 8)="" Then
          MsgBox ("数量无,请重新输入!!!")
          mf1.Col=8
          grid1.Visible=False
        End If
      End If
      If mf1.Col=11 Then
        If mf1.TextMatrix(mf1.Row, 9)="" Then
          MsgBox ("单价无,请重新输入!!!")
          mf1.Col=9
          grid1.Visible=False
        End If
      End If
  Dim A, B As Single
  For i=1 To 31
    A=Val(mf1.TextMatrix(i, 10)) + A: B=Val(mf1.TextMatrix(i, 8))+B
    If mf1.TextMatrix(i, 1)<>"" And mf1.TextMatrix(i, 8) <> "" Then js.Text=i
  Next i
    hj.Text=A: hjsl.Text=B                        '计算合计金额,合计数量
End Sub
'下段代码为"登记"按钮单击事件代码
Private Sub Comdj_Click()
                                                  '查询所有入库数据,并按票号排序
  Data3.RecordSource="select * from rkd order by 票号"
  Data3.Refresh
                                                  '创建入库票号
  If Data3.Recordset.RecordCount>0 Then
    If Not Data3.Recordset.EOF Then Data3.Recordset.MoveLast
      If Data3.Recordset.Fields("票号")<>"" Then
        lsph=Right(Trim(Data3.Recordset.Fields("票号")), 4)+1
        PH.Text=Date & "rkd" & Format(lsph, "0000")
      End If
    Else
      PH.Text=Date & "rkd" & "0001"
```

```
        End If
                                                '设置控件有效或无效
        gys.Enabled=True: jsr.Enabled=True: js.Enabled=True
        hjsl.Enabled=True: hj.Enabled=True
        text1.Enabled=True: mf1.Enabled=True: Combc.Enabled=True
        Comqx.Enabled=True:Comdj.Enabled=False
                                                '清空数据
        For i=1 To 100
          For j=1 To 11
            mf1.TextMatrix(i, j)=""
          Next j
        Next i
        gys.SetFocus
        mf1.Row=1: mf1.Col=1                    '到达mf1表格的第1行，第1列
    End Sub
```

下段为"保存"按钮单击事件代码。代码的主要功能是首先检测是否录入了商品信息，如果录入了商品信息，将利用循环语句将商品信息保存到入库单 rkd 表，并更新相应的库存商品信息。

```
    Private Sub Combc_Click()
        Set mydb=Workspaces(0).OpenDatabase(App.Path & "\yyjxc.mdb")
                                                '自动识别数据库路径
        Set rs1=mydb.OpenRecordset("rkd", dbOpenTable)
        Set rs2=mydb.OpenRecordset("kc", dbOpenTable)
                                                '查询库存商品信息
        Data1.RecordSource="Select * From kc"
        Data1.Refresh
          For i=1 To 100
            If mf1.TextMatrix(i, 1)<>"" And mf1.TextMatrix(i, 8) <> "" Then
                                                '添加入库商品信息到"rkd"表中
                rs1.AddNew
                If mf1.TextMatrix(i, 1)<>"" Then rs1.Fields("商品名称")= _
                mf1.TextMatrix(i, 1)
                If mf1.TextMatrix(i, 2)<>"" Then rs1.Fields("简称")= _
                mf1.TextMatrix(i, 2)
                If mf1.TextMatrix(i, 3)<>"" Then rs1.Fields("批号")= _
                mf1.TextMatrix(i, 3)
                If mf1.TextMatrix(i, 4)<>"" Then rs1.Fields("产地")= _
                mf1.TextMatrix(i, 4)
                If mf1.TextMatrix(i, 5)<>"" Then rs1.Fields("规格")= _
                mf1.TextMatrix(i, 5)
                If mf1.TextMatrix(i, 6)<>"" Then rs1.Fields("包装")= _
                mf1.TextMatrix(i, 6)
                If mf1.TextMatrix(i, 7)<>"" Then rs1.Fields("单位")= _
                mf1.TextMatrix(i, 7)
                If mf1.TextMatrix(i, 8)<>"" Then rs1.Fields("数量")= _
```

```
      mf1.TextMatrix(i, 8)
      If mf1.TextMatrix(i, 9)<>"" Then rs1.Fields("进价")= _
      mf1.TextMatrix(i, 9)
      If mf1.TextMatrix(i, 10)<>"" Then rs1.Fields("金额")= _
      mf1.TextMatrix(i, 10)
      If mf1.TextMatrix(i, 11)<>"" Then rs1.Fields("备注")= _
      mf1.TextMatrix(i, 11)
      If gys.Text<>"" Then rs1.Fields("供应商")=gys.Text
      If jsr.Text<>"" Then rs1.Fields("经手人")=jsr.Text
      If rkrq.Text<>"" Then rs1.Fields("日期")=rkrq.Text
      If PH.Text<>"" Then rs1.Fields("票号")=PH.Text
      rs1.Update            '更新表
                                            '查找库存商品信息
      Data1.Recordset.FindFirst "商品名称like "+Chr(34)+mf1.TextMatrix(i,1)+Chr(34)
      +"and 批号 like "+Chr(34)+ mf1.TextMatrix(i, 3) + Chr(34) + "and 产地 like " +
      Chr(34)+mf1.TextMatrix(i, 4)+Chr(34)+"and 规格 like"+Chr(34)+ _
      mf1.TextMatrix(i, 5)+Chr(34)+""
   If Data1.Recordset.NoMatch Then
  '添加入库商品到"kc"表中
     rs2.AddNew
     If mf1.TextMatrix(i, 1)<>"" Then rs2.Fields("商品名称")= _
     mf1.TextMatrix(i, 1)
     If mf1.TextMatrix(i, 2)<>"" Then rs2.Fields("简称")=mf1.TextMatrix(i,2)
     If mf1.TextMatrix(i, 3)<>"" Then rs2.Fields("批号")=mf1.TextMatrix(i,3)
     If mf1.TextMatrix(i, 4)<>"" Then rs2.Fields("产地")=mf1.TextMatrix(i,4)
     If mf1.TextMatrix(i, 5)<>"" Then rs2.Fields("规格")=mf1.TextMatrix(i,5)
     If mf1.TextMatrix(i, 6)<>"" Then rs2.Fields("包装")=mf1.TextMatrix(i,6)
     If mf1.TextMatrix(i, 7)<>"" Then rs2.Fields("单位")=mf1.TextMatrix(i,7)
     If mf1.TextMatrix(i, 8)<>"" Then rs2.Fields("库存")=mf1.TextMatrix(i,8)
     If mf1.TextMatrix(i, 9)<>"" Then rs2.Fields("进价")=mf1.TextMatrix(i,9)
     If mf1.TextMatrix(i, 10)<>"" Then rs2.Fields("库存金 _
     额")=mf1.TextMatrix(i, 10)
     rs2.Update                        '更新表
   Else
                                       '更新"kc"表中的"库存"及"库存金额"
   Data1.Recordset.Edit
   Data1.Recordset.Fields("库存")=Val(mf1.TextMatrix(i,8)) _
     + Val(Data1.Recordset.Fields("库存"))
   Data1.Recordset.Fields("库存金额")=Val(Data1.Recordset.Fields("库存")) * _
   Val(Data1.Recordset.Fields("进价"))
   Data1.UpdateRecord
     End If
     End If
   Next i
rs1.Close: mydb.Close
'清空数据
For i=1 To 100
```

```
    For j=1 To 11
      mf1.TextMatrix(i, j)=""
    Next j
    Next i
  gys.Text="": jsr.Text="": js.Text="": hjsl.Text="": hj.Text=""
    text1.Visible=False: DBList1.Visible=False         '设置控件不可见
  mf1.Enabled=False:Combc.Enabled=False: Comdj.Enabled=True
  Comqx.Enabled=False
End Sub
Private Sub Comqx_Click()                              '取消操作
  gys.Text="": jsr.Text="": js.Text="": hjsl.Text="": hj.Text=""
  For i=1 To 100
    For j=1 To 11
      mf1.TextMatrix(i, j)=""
    Next j
  Next i
  gys.Enabled=False: jsr.Enabled=False: js.Enabled=False
  hjsl.Enabled=False: hj.Enabled=False
  DBList1.Visible=False: text1.Enabled=False: mf1.Enabled=False
  Combc.Enabled=False:
  Comqx.Enabled=False: Comdj.Enabled=True: Comdj.SetFocus
End Sub
Private Sub Comend_Click()
 frm_main.Enabled = True
  Unload Me
End Sub
```

日常业务的其他 3 个模块可参阅上述代码自行设计。

下面介绍库存管理模块的实现过程。库存管理主要包括库存查询、库存盘点、价格管理几个模块。案例 9.13～案例 9.15 分别介绍了这 3 个模块的实现过程。

【案例 9.13】库存查询模块的实现。

案例分析

主要功能是根据选择的字段查询库存药品信息，并可删除库存药品信息。

案例设计

用 Data 控件连接库存表。要求可以根据库存表的任何一个字段实现查询，查询结果显示在表格控件中，对查询结果中的记录可进行删除操作。

案例实现

（1）界面实现

在工程中添加一个新窗体，命名为 main_kcgl_kccx。在窗体中添加 1 个 Data 控件、1 个 Frame 控件、1 个 Combo 控件、1 个 DBGrid 控件、1 个 Text 控件、3 个 Command 控件，界面如图 9-32 所示。

图 9-32 库存查询界面

主要控件对象属性如表 9-16 所示。

表 9-16 控件属性表

对象	属性	值
Data	Name	Data1
	DatabaseName	yyjxc.mdb
	RecordSource	kc
DBGrid	DataSource	Data1
	Name	DBGrid1
ComboBox	Name	Combo1
Frame	Name	Frame1
	Caption	请选择查询条件
TextBox	Name	Text1

（2）代码实现

代码如下：

```
Private Sub Form_Activate()
  ' 向combo1添加查询项目列表
  Combo1.AddItem("商品名称")
  Combo1.AddItem("简称")
  Combo1.AddItem("批号")
  Combo1.ListIndex=0
End Sub
Private Sub Form_Load()
  Data1.DatabaseName=App.Path & "\yyjxc.mdb"        '自动识别数据库路径
End Sub
Private Sub Form_Unload(Cancel As Integer)
  frm_main.Enabled=True
End Sub
Private Sub Command1_Click()
                                                    '查询库存信息
Data1.RecordSource="select *from kc where (kc." & Combo1.Text & " " & "like "+
  Chr(34) +Text1.Text+"*" +Chr(34)+")"
```

```
    Data1.Refresh
End Sub
Private Sub Command2_Click()              '删除库存信息
  On Error Resume Next
  Data1.Recordset.Delete
  Data1.Refresh
  Data2.Refresh
End Sub
Private Sub Command3_Click()
  frm_main.Enabled=True
  Unload Me
End Sub
```

运行示例如图 9-33 所示。

图 9-33　库存查询结果

【案例 9.14】库存盘点模块的实现。

案例分析

在某个时间对所有的库存药品进行盘点，查看各种药品的库存量、库存金额等信息。

案例设计

通过 Data 控件连接库存表，库存信息显示在表格控件中。设计一个命令按钮，在命令按钮单击事件中添加实现代码。

案例实现

（1）界面实现

在系统工程中添加一个新窗体，命名为 main_kcgl_kcpd，在窗体中添加 1 个 Data 控件、1 个 MSFlexGrid 控件、2 个 Command 控件。

主要控件对象的属性如表 9-17 所示。

表 9-17　主要控件属性列表

对象	属性	值
Data1	DatabaseName	yyjxc.mdb
	RecordSource	kc
MSFlexGrid1	名称	MS1
	DataSource	Data1

（2）代码实现

代码如下：
```
Private Sub Form_Activate()
  '设置ms1表格的列宽
  MS1.ColWidth(0)=12*25*0: MS1.ColWidth(1)=12*25*8
  MS1.ColWidth(2)=12*25*0: MS1.ColWidth(5)=12*25*5
  MS1.ColWidth(9)=12*25*3: MS1.ColWidth(10)=12*25*0
End Sub
Private Sub Form_Load()
  Data1.DatabaseName=App.Path & "\yyjxc.mdb"     '自动识别数据库路径
End Sub
Private Sub Form_Unload(Cancel As Integer)
  frm_main.Enabled=True
End Sub
Private Sub Command1_Click()                     '盘点库存大于零的库存信息
  Data1.RecordSource="select * from kc where kc.库存>0 "
  Data1.Refresh
  MS1.Col=9: MS1.Sort=flexSortNumericAscending   '第9行按升序排序
End Sub
Private Sub Command2_Click()
  frm_main.Enabled=True
  Unload Me
End Sub
```

单击"盘点"按钮，运行结果如图9-34所示。

图9-34 库存盘点结果

【案例9.15】价格管理模块的实现。

案例分析

模块的主要功能是实现修改库存药品的进价、库存数量，统计库存金额。

案例设计

建一个公共模块，在模块中定义一个赋值函数，通过调用该函数来实现价格、库存等信息的修改。利用Data控件连接数据源，数据源通过SQL语句选择需要的字段。

案例实现

（1）界面实现

在系统工程中添加1个新窗体，命名为main_kcgl_jggl。在窗体中添加2个Data控件、2个Frame控件、2个Combo控件、1个DBGrid控件、4个Text控件、3个Command控件等。界面设计如图9-35所示。

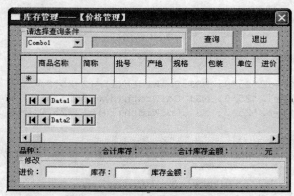

图 9-35 价格管理界面

（2）代码实现

代码如下：

```vb
Public Sub eval()            '定义赋值函数
  If Data2.Recordset(0)<>"" Then pz.Caption=Data2.Recordset(0) Else pz.Caption = "0"
  If Data2.Recordset(1)<>"" Then hjsl.Caption=Data2.Recordset(1) Else hjsl.Caption="0"
  If Data2.Recordset(2)<>"" Then
    hjje.Caption=Data2.Recordset(2)
  Else
    hjje.Caption="0"
End Sub
Private Sub Form_Load()                                '自动识别数据库路径
  Data1.DatabaseName=App.Path & "\yyjxc.mdb"
  Data2.DatabaseName=App.Path & "\yyjxc.mdb"
End Sub
Private Sub Form_Activate()
  ' 向combo1添加查询项目列表
  Combo1.AddItem("商品名称")
  Combo1.AddItem("简称")
  Combo1.AddItem("批号")
  Combo1.ListIndex=0
  '初始化查询统计库存商品信息
  Data2.RecordSource="Select count(*) As 品种,sum(库存) As 合计库存,sum(库 _
存金额)As 合计库存金额 From kc "
  Data2.Refresh
  Call eval                                            '调用函数
End Sub
Private Sub Form_Unload(Cancel As Integer)
  frm_main.Enabled=True
End Sub
Private Sub texgjj_Change()
  texgje.Text=Val(texgkc.Text) * Val(texgjj.Text)      '计算库存金额
  Data2.Refresh
  Call eval                                            '调用函数
End Sub
Private Sub texgkc_Change()
```

```
    texgje.Text=Val(texgkc.Text) * Val(texgjj.Text)        '计算库存金额
    Data2.Refresh
    Call eval                                              '调用函数
End Sub
Private Sub Command1_Click()
                                                           '查询统计库存商品信息
    Data1.RecordSource="select * from kc where (kc." & Combo1.Text & " " & "like
      "+Chr(34)+Text1.Text+"*"+Chr(34)+")"
    Data1.Refresh
    Data2.RecordSource="select count(*)as 品种,sum(库存)as 合计库存,sum(库存金
      额)as 合计库存金额 from kc where (kc." & Combo1.Text & " " & "like"+Chr(34)+Text1.Text
      +"*"+Chr(34)+")"
    Data2.Refresh
    Call eval                                              '调用函数
End Sub
Private Sub Command2_Click()
    rm_main.Enabled=True
    Unload Me
End Sub
```

查询统计包括入库查询、销售查询、销售退货查询几个模块。这3个模块的界面设计和问题实现类似，区别只在查询的条件及数据源不同。这里仅介绍入库查询模块的实现，其他两个模块读者可参照入库查询模块的设计自行完成。

【案例9.16】 查询统计模块中入库查询模块的实现过程。

案例分析

主要实现对要入库的药品信息进行查询，如果某种药品不再入库，则可删除该药品信息。

案例设计

选择入库单中的任何一个字段作为查询条件，查询结果显示在表格控件中。设计一个查询按钮和一个删除按钮，在按钮的单击事件中编写代码实现功能。

案例实现

（1）界面实现

在系统工程中添加一个新窗体，命名为 main_cxtj_rkcx。在窗体中添加 1 个 Data 控件、2 个 Frame 控件、1 个 Combo 控件、1 个 DBGrid 控件、3 个 Text 控件、3 个 Command 控件。主要控件的属性如表 9-18 所示。

表 9-18 主要控件的属性列表

对象	属性	值
Data1	DatabaseName	yyjxc.mdb
	RecordSource	rkd
DBGrid1	DataSource	Data1

（2）代码实现

代码如下：

```
Private Sub Form_Activate()
```

```
    '向 combo1 添加查询项目列表
    Combo1.AddItem("商品名称")
    Combo1.AddItem("批号")
    Combo1.AddItem("票号")
    Combo1.ListIndex=1
    Data1.RecordSource="select* from rkd where((rkd.日期 between "+Chr(35) + _
rq1.Text + Chr(35) +"and "+Chr(35)+rq2.Text+Chr(35)+"))"
    Data1.Refresh
End Sub
 Private Sub Form_Load()                        '自动识别数据库路径
    Data1.DatabaseName=App.Path & "\yyjxc.mdb"
End Sub
Private Sub Form_Unload(Cancel As Integer)
    frm_main.Enabled=True
End Sub
Private Sub Command1_Click()                    '入库查询
    Data1.RecordSource="select*from rkd where((rkd.日期 between "+Chr(35)+ _
    rq1.Text + Chr(35) + "and "+Chr(35)+rq2.Text+Chr(35)+")and(rkd." & Combo1.
    Text & " " & "like "+Chr(34) +Text1.Text +"*" +Chr(34)+"))"
    Data1.Refresh
End Sub
Private Sub Command2_Click()                    '删除入库信息
    On Error Resume Next
    Data1.Recordset.Delete
    Data1.Refresh
End Sub
Private Sub Command3_Click()
    frm_main.Enabled=True
    Unload Me
End Sub
```

运行结果示例如图 9-36 所示。

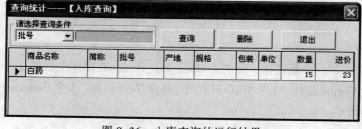

图 9-36 入库查询的运行结果

习 题

一、简答题

1. 记录、字段、表与数据库之间的关系是什么？
2. 要实现 Data 数据控件对数据的操作，必须设置哪些相关属性？
3. 如何使用数据库管理器建立或修改数据库？

4. 什么是 SQL？它的作用是什么？
5. 简述将 ADO 控件连接到数据源的步骤。
6. 使用 ADO 对象模型访问数据库的步骤是怎样的？
7. 怎样使绑定控件能被数据库约束？

二、设计题

创建一个数据库浏览程序。该数据库中包含有一个"学生成绩表"，表中有"学号""姓名""班级""年龄""性别""数学""语文""英语"和"计算机"几个字段。窗体能提供浏览、添加、删除和计算功能，可以计算总分和平均分。

附录 A　ASCII 码和字符对照表

二进制	十进制	字　　符	二进制	十进制	字　　符
00000000	0	空字符	00011101	29	分组符
00000001	1	标题开始	00011110	30	记录分离符
00000010	2	正文开始	00011111	31	单元分隔符
00000011	3	正文结束	00100000	32	空格
00000100	4	传输结束	00100001	33	!
00000101	5	请求	00100010	34	"
00000110	6	收到通知	00100011	35	#
00000111	7	响铃	00100100	36	$
00001000	8	退格	00100101	37	%
00001001	9	水平制表符	00100110	38	&
00001010	10	换行键	00100111	39	'
00001011	11	垂直制表符	00101000	40	(
00001100	12	换页键	00101001	41	)
00001101	13	回车键	00101010	42	*
00001110	14	不用切换	00101011	43	+
00001111	15	启用切换	00101100	44	,
00010000	16	数据链路转义	00101101	45	-
00010001	17	设备控制 1	00101110	46	.
00010010	18	设备控制 2	00101111	47	/
00010011	19	设备控制 3	00110000	48	0
00010100	20	设备控制 4	00110001	49	1
00010101	21	拒绝接收	00110010	50	2
00010110	22	同步空闲	00110011	51	3
00010111	23	传输块结束	00110100	52	4
00011000	24	取消	00110101	53	5
00011001	25	介质中断	00110110	54	6
00011010	26	替补	00110111	55	7
00011011	27	溢出	00111000	56	8
00011100	28	文件分隔符	00111001	57	9

续表

二进制	十进制	字 符	二进制	十进制	字 符
00111010	58	:	01011101	93	]
00111011	59	;	01011110	94	^
00111100	60	<	01011111	95	_
00111101	61	=	01100000	96	`
00111110	62	>	01100001	97	a
00111111	63	?	01100010	98	b
01000000	64	@	01100011	99	c
01000001	65	A	01100100	100	d
01000010	66	B	01100101	101	e
01000011	67	C	01100110	102	f
01000100	68	D	01100111	103	g
01000101	69	E	01101000	104	h
01000110	70	F	01101001	105	i
01000111	71	G	01101010	106	j
01001000	72	H	01101011	107	k
01001001	73	I	01101100	108	l
01001010	74	J	01101101	109	m
01001011	75	K	01101110	110	n
01001100	76	L	01101111	111	o
01001101	77	M	01110000	112	p
01001110	78	N	01110001	113	q
01001111	79	O	01110010	114	r
01010000	80	P	01110011	115	s
01010001	81	Q	01110100	116	t
01010010	82	R	01110101	117	u
01010011	83	S	01110110	118	v
01010100	84	T	01110111	119	w
01010101	85	U	01111000	120	x
01010110	86	V	01111001	121	y
01010111	87	W	01111010	122	z
01011000	88	X	01111011	123	{
01011001	89	Y	01111100	124	|
01011010	90	Z	01111101	125	}
01011011	91	[	01111110	126	~
01011100	92	\	01111111	127	删除

注：另外还有 128～255 的 ASCII 字符。

附录 B 常用内部函数表

函数类型	函数名	含义
数学函数	Sin(x)	正弦值
	Cos(x)	余弦值
	Tan(x)	正切值
	Atn(x)	反正切值
	Abs(x)	绝对值
	Sgn(x)	返回符号
	Sqr(x)	平方根
	Exp(x)	e 的 x 次方
类型转换函数	Int(x)	不大于 x 的最大整数
	Fix(x)	取整数部分
	Hex(x)	十进制数转换为十六进制数
	Oct(x)	十进制数转换为八进制数
	Asc(x)	字符串 x 中第一个字符的 ASCII 码
	CHR(x)	ASCII 码转换为字符
	Str(x)	数值转换为字符串
	Cint(x)	四舍五入转换为整数
	Ccur(x)	转换为货币类型值
	CDbl(x)	转换为双精度数
	CLng(x)	小数部分四舍五入转换为长整数型数
	CSng(x)	转换为单精度数
	Cvar(x)	转换为变体类型值
	VarPtr(var)	取得变量 var 的指针
日期与时间函数	Date()	返回系统日期（年/月/日）
	Now()	返回系统日期和时间
	Time()	返回系统时间
	Day()	返回系统日期（1~31）
	WeekDay()	返回星期
	Month()	返回月份
	Year()	返回年份

续表

函数类型	函数名	含义
日期与时间函数	Hour	返回小时
	Minute	返回分
	Second	返回秒
字符串函数	LTrim(s)	去掉 s 左边空白字符
	Rtrim(s)	去掉 s 右边空白字符
	Left(s,n)	取 s 左部的 n 个字符
	Right (s,n)	取 s 右部的 n 个字符
	Mid(s,p,n):	从位置 p 开始取字符串 s 的 n 个字符
	Len(s)	测试 s 的长度
	String(n,c)	返回由 n 个字符 c 组成的字符串
	Space(n)	返回 n 个空格
	InStr(s1,s2)	在 s1 中查找 s2
	Ucase(s)	小写字母转换为大写字母
	Lcase (s):	大写字母转换为小写字母